长三角区域环境一体化管理技术体系研究（项目编号 200809074）

跨界目标考核一体化管理与信息共享通报一体化技术

余向勇　刘永懋　翟平阳　编著

中国环境出版社・北京

图书在版编目（CIP）数据

跨界目标考核一体化管理与信息共享通报一体化技术/余向勇，刘永懋，翟平阳编著．—北京：中国环境出版社，2013.3

ISBN 978-7-5111-1269-9

Ⅰ．①跨…　Ⅱ．①余…　②刘…　③翟…　Ⅲ．①区域环境管理—研究—中国　Ⅳ．①X321.2

中国版本图书馆 CIP 数据核字（2013）第 006373 号

出版人　王新程
责任编辑　孔　锦
责任校对　尹　芳
封面设计　刘丹妮

出版发行　中国环境出版社
（100062　北京市东城区广渠门内大街 16 号）
网　　址：http://www.cesp.com.cn
电子邮箱：bjgl@cesp.com.cn
联系电话：010-67112765（编辑管理部）
010-67187041（学术著作图书出版中心）
发行热线：010-67125803，010-67113405（传真）
印装质量热线：010-67113404
印　　刷　北京市联华印刷厂
经　　销　各地新华书店
版　　次　2013 年 3 月第 1 版
印　　次　2013 年 3 月第 1 次印刷
开　　本　880×1230　1/32
印　　张　5.5
字　　数　140 千字
定　　价　50.00 元

前 言

随着社会经济的快速发展，我国面临着巨大的环境压力，区域性与流域性的环境生态问题日渐突出。在我国流域经济发展取得巨大成就的同时，带来的资源环境问题已对流域可持续发展构成严重威胁，特别是进入21世纪以来，资源与能源短缺使生态与环境恶化问题在全国范围内普遍出现。长江作为我国重要经济走廊、水电开发的主要基地、水资源配置的战略水源地、生物多样性的基因库，在保障国家供水安全、生态安全和经济安全方面的地位日益彰显。其中长三角的生态环境保护与发展得到各级政府、科学界和社会公众的普遍关注和重视。如区域环境质量整体退化、流域性水污染事件及跨界水质纠纷、酸雨的跨界相互影响、有毒废物及危险化学品跨界传输而造成的环境纠纷等，区域间不同的产业和环境管理政策也造成区域间的非正常竞争，流域性的问题凸显，而解决乏力。长三角、珠三角、环渤海等重要经济发展区域，均是此类问题突出的区域，然而，我国整体上还十分缺乏相适应的软实力（管理战略、原则、方法与技术）支撑。

环境保护是长三角一体化中最艰难领域，因为其中有不少的利益冲突。例如，在流域跨界水污染防治等重大环境问题上，各地都有立法权，不同区域之间的环境标准、执法要求并不一样，这就可能导致污染向环境要求较低的地区转移，从而引发区域之间的矛盾。跨界水污染问题为资源环境有效配置、地区经济可持续发展、上下游地方政府及人民之间矛盾解决及社会稳定等问题提出了严峻挑战。

综合集成的流域管理模式是国外区域环境一体化管理的主要手

段，欧洲的德国等国针对莱茵河采用分流域立体化管理办法，将河流和湖泊分段，由私人或团体组成治水联合会对所属流域进行综合性环境治理，其最大的优点就是整体化，节省了大量的人力和财力，使流域的环境管理由单一的水域保护扩大到人与自然生态这一立体空间里。在处理流域跨界水冲突领域，国际上也开展了一系列研究，如明确水权、建立水权交易制度建立流域管理机构，发展公众参与制度。另外国际上还积极运用市场经济手段，可望实现污水边际治理成本相等的有效率的均衡，使社会总治理成本最小化，排污收费、可交易的排污权、污染税等经济手段逐渐得到应用和发展。

我国目前流域和区域环境管理方面已经开展了一些研究，也设立了一些管理机构，对某些创新性环境政策，如排污交易等正在进行较小范围的示范，摸索出了一些经验和教训。但目前我国的区域与流域环境管理仍然表现出较强烈的政府色彩，条块分割严重，特别是跨流域的环境问题缺乏解决的良策和整体的管理技术方案。

本书从国情出发，借鉴国际成功的经验，以长三角为重点，深入系统地研究区域环境一体化管理的有效途径，特别是管理技术、模式及相关政策。并以长三角为主要研究案例，通过相关技术研发和实际应用，形成系统、创新的区域环境一体化管理技术方案。重点研究跨界环境污染和区域环境事故应急的协同处置机制所需的支撑技术体系，推动长三角和太湖流域环境管理的科学化，为形成我国区域环境一体化管理的思路及技术路线，为相关区域发展提供借鉴。

本课题受环保部公益项目“长三角区域环境一体化管理技术体系研究”（项目编号 200809074）资助，“跨界目标考核一体化管理与信息共享通报一体化技术研究”是其主要组成部分之一，从 2008 年项目立项到 2012 年项目验收一直得到了环境保护部环境规划院和南京大学环境学院领导的关心与支持。课题组主要成员有张宝洁、贾杰林、周劲松、于雷、董战峰、陈立、孔亮等，感谢大家为课题付出的辛勤努力。

目　录

1　背景调查与基础研究..1
1.1　我国跨界水环境管理的发展演变历程........................1
1.2　长江流域水资源水环境调查与评价............................18
1.3　太湖流域水资源水环境调查与评价............................28
1.4　长三角地区的环境质量状况..34
1.5　长三角区域一体化建设的基础理论............................40

2　跨界目标考核一体化管理技术..51
2.1　我国跨界水环境管理的现状..51
2.2　区域跨界污染问题存在的原因....................................57
2.3　解决跨界水污染的管理..75

3　区域环境信息共享..107
3.1　区域环境共享的必要性..107
3.2　区域环境共享的主要内容..110

4　长三角区域跨界水污染问题实证研究..........................122
4.1　长三角区域概况..122
4.2　跨界水体控制（交界）断面及水质目标..................123
4.3　交界断面水质分析..127
4.4　长三角跨界水环境管理模式......................................132

5 长三角区域跨界水环境一体化流域管理创新性研究 142
5.1 应建立新的流域概念 142
5.2 流域水环境一体化管理的法律依据 160
5.3 流域水环境一体化管理的模式设计 161
5.4 长三角跨界水环境一体化流域综合管理的研究 163

参考文献 169

1 背景调查与基础研究

1.1 我国跨界水环境管理的发展演变历程

新中国成立以来，包括长江在内的我国江河水环境的保护与发展取得了辉煌的成就，积累了十分宝贵的经验，但是也面临着诸多的问题和严峻的挑战。我国的水环境问题是伴随着国家工业化、城市化而出现的。改革开放使我国进入了经济高速发展阶段，短短二十多年的时间我国的经济建设走完了发达工业国家上百年的路程。我国告别了经济短缺的时代，却进入了生态和环境资源短缺的时代。经济建设高速发展的同时也带来了环境和生态的破坏，导致本应在不同阶段出现的生态与环境问题在较短时间显现和爆发出来。我国环境问题尤其是水环境污染已表现出明显的区域性、复合性和长期性。其中，我国跨界水环境污染和水环境问题表现十分突出。

近年来，我国流域跨界水污染现象及其带来的跨界水污染矛盾越来越多。我国跨界水污染问题在我国的行政管辖体制和不同区域的社会经济发展背景下已呈现更多的复杂性：一是流域的跨界水污染与各区域之间经济利益竞争密切相关；二是在国家条块结合的管理体制中，加上相关法律体系和治理规范的不足和缺乏，跨界水质污染和管理已成为环境治理的难题；三是跨界水污染的治理必须与防洪工程协调，使水污染的跨界矛盾更加复杂。根据我国目前的法律规定，跨界管理主要由环保部门、水利部门、地方政府共同解决，因此跨界管理呈现多主体特征。目前由于行政区划等导致跨界管理功能被分散在各个行政区域，这种状况只有形成某种形式的统一管理机制才能解决。此外，我国水资源管理体制不顺，流域机构与地方水行政主管部门及有关部门的职责不是很清晰，导致流域内缺乏统一规划和有效的管理。流域内存在的分割管理模式使得本来应该具有治理跨界水事纠纷的流域管理机构失去了宏观控制能力。流域管理立法滞后于地方立法，与地方法规之间不协调问题时有发生。水行政执法软弱乏力，使流域水资源、水环境统一管理不具备法律依据，导致难以有效地解决流域跨界水冲突、纠纷和矛盾。因此，如何妥善解决区域间跨界水污染问题，建立长效污染防治机制，已成为各级政府面临的迫切任务。

1.1.1 我国跨界水环境污染问题的回顾

20 世纪 80 年代以来，我国跨界水污染现象及其带来的跨界水污染矛盾越来越凸显出来。由于种种原因，我国流域跨界污染和纠纷愈演愈烈，已影响了安定团结、国计民生和社会发展，并已造成极不好的国内、国际影响。跨界水污染问题已引起国家有关部门和各地政府的重视。

近几年我国部分重大跨界水污染事件回顾：

2001 年 11 月，江苏省吴江市长期超标排放污水，给下游区域生产、生活造成了很大危害。嘉兴市秀洲区王江泾镇、西堰镇群众自筹资金，用船只和机械，沉船筑坝，封堵了边界河道麻溪港，造成了国内有很大影响的江浙交界水污染“筑坝”事件。

2003 年，江苏省徐州市因受上游薛新河污染而使自来水公司取水口受污染，十几万市民半个月无自来水可用，而薛新河的污染源就来自上游的山东。

2004 年 7 月，因上游突降暴雨，淮河污染史上最大污水团形成，沿淮河干流而下，充斥河面的黑色污染水团全长达 133 km，总量约 4 亿 t。受上游突降大雨的影响，淮河最大支流沙颍河、河南漯河、周口和安徽阜阳等地相继开闸放水。在洪水的推动下，闸内积存的污水成团下泄，污染团经下游江苏境内盱眙县，进入洪泽湖，沿线居民生活受扰。

2003 年，黄河发生有实测记录以来最严重的污染，三门峡水库泄水呈“酱油色”，水质恶化为V类，成为名副其实的“一库污水”。三门峡市区虽紧邻黄河，但市民们却不得不花钱购买从附近山上运来的山泉水。

2004 年沱江特大水污染，川化股份公司第二化肥厂将大量高浓度工业废水排进沱江，导致沿江简阳、资中、内江三地百万群众饮水被迫中断，直接经济损失在 3 亿元左右。

2004 年 6 月龙川江楚雄段发生严重镉污染事件，滇东冶炼厂的入河污水使龙川江断面的总镉超标 36 倍。2004 年 12 月四川青衣江水被綦河上游重庆华强化肥有限公司排出的废水所污染，使乐山市近 40 万市民的饮用水源受到影响。

2005 年沱江磷污染事件是被一些企业排出的污水污染。污水流过的地方，庄稼和竹林都纷纷死去，经济损失巨大。

2007 年 5 月，在高温的条件下，太湖无锡流域突然大面积蓝藻暴发，供给全市市民的饮水源也迅速被蓝藻污染。遭到蓝藻污染的、散发浓浓腥臭味的水进入了自来水厂，然后通过管道流进了千家万户。市内纯净水迅速脱销，市民的生产生活受到了严重影响。

2005 年 11 月 13 日松花江重大硝基苯水污染事件是中石油吉林石化公司双苯厂苯胺车间发生爆炸事故。事故产生的上百吨苯、苯胺和硝基苯等有机污染物流入松花江。事故发生后，哈尔滨全市停止向市区供水 4 天。部分硝基苯进入中俄界河黑龙江，已造成不良国际影响。

2005 年 12 月 15 日北江韶关段出现严重镉污染，由韶关冶炼厂排放含镉废水所致，高桥断面检测到镉浓度超标 12 倍多，影响下游城市数千万群众的饮水安全。

2006 年 8 月 21 日吉林省牤牛河附近发生二甲基苯胺化工污染事件，此次事故系一化工企业向牤牛河中人为排放化工废水所致。

2006 年 9 月 8 日湖南岳阳发生砷污染事件，砷超标 10 倍左右，8 万居民的饮用水安全受到威胁和影响。最终经核查发现，污染发生的原因为河流上游 3 家化工厂的工业污水排放。

仅从以上跨界水污染事件可以看出，近几年来，我国松花江的硝基苯污染事件、太湖蓝藻事件、黄河排污等频繁发生的水污染重大突发事件中，首先受到冲击的都是饮用水的水质安全。因此，跨界水污染其危害大，影响到民生，危害流域的人民群众。

在跨界污染方面国家重点整治了山西、陕西、内蒙古交界“黑三角”地区污染、湘黔渝交界“锰三角”污染、豫鄂交界地区白河污染、江浙边界水污染等环境突出问题。但是虽经多方努力，跨界污染形势仍然十分严峻，治理任务仍然相当繁重。几十年来，跨界水污染问题在我国屡见不鲜。2005 年 11 月发生的松花江重大硝基苯环境污染事件，已显示了我国对跨界重大污染事故监管、应急处置等方面还没有形成有效、系统的技术体系。对于跨省界和国界流域污染涉及的技术、政策的特殊性问题的研究和跨界水污染的管理，基本上还处于起步阶段，尚未形成有效的管理体系。

由于中国正处于工业化和城市化加速发展的阶段，也正处于经济增长和环境保护矛盾十分突出的时期，环境污染总体水平较严重，水资源短缺问题仍日益严重，污染型缺水已成为制约中国社会经济可持续发展的最重要因素之一。尽管我国的主要跨界流域中已广泛运用了总量控制、污染者付费、排污许可证交易等环境经济政策治理污染，但跨界水污染矛盾与我国区域社会经济发展不平衡，水资源管理体制和区域行政管理体制等矛盾已交织在一起，解决难度大。因此，在我国经济高速发展的同时，如何最大限度地进行水污染防治，以及如何妥善地解决区域间跨界水污染问题，已经成为我国“十二五”期间一个亟待解决的重要环境课题之一。

目前我国跨界水污染问题在我国的行政管辖体制和不同区域的社会经济发展背景下呈现更多的复杂性：一是跨界水污染与各区域之间经济利益竞争密切相关；二是在国家条块结合的管理体制中，加上相关法律体系和治理规范的缺乏，跨界管理成为环境治理的难题；三是跨界水污染的治理必须与防洪工程的使用协调，使水污染的跨界矛盾更加复杂。根据我国目前法律规定，跨界管理主要由水利部门、环保部门、地方政府共同解决，因此跨界管理呈现多主体特征。目前由于行政区划等导致跨界管理功能被分散在各个行政区域，这种状况只有形成某种形式的统一管理机制才能解决。

此外，我国水资源水环境管理体制不顺，环境部门、流域机构与地方水行政主管部门及有关部门的职责不清，导致流域内缺乏统一规划和管理，流域内分割管理使得本来应该具有治理跨界水事纠纷的流域管理机构失去了宏观控制能力。流域管理立法滞后于地方立法，与地方法规之间不协调问题时有发生，水行政执法软弱乏力，使流域水资源统一管理不具备法律依据，导致难以有效地解决跨界矛盾。因此，如何妥善解决区域间跨界水污染问题，建立长效治理机制，已成为各级政府面临的迫切任务。

对于跨界管理，目前多采用协商的方法，在我国一些主要的水资源管理法规中已有相应的原则规定。例如，《中华人民共和国水法》第三十五条规定，地区之间发生的水事纠纷，应当本着互谅互让、团结协作的精神协商处理。但是现有的法律法规并没有涉及具体的协商内容与方法，使得协商决议难以切实执行，达不到协商的预期目标。

综上，我国目前跨界管理仍以区域管理为主，水法中规定实行流域管理与区域管理相结合的体制，但至今仍未得到很好执行，流域管理理念与必要性仍未被深入理解，流域机构的作用未得到有效发挥。

1.1.2 国际流域水资源环境跨界管理与案例

1.1.2.1 工业发达国家的水资源水环境跨界管理

包括欧洲联盟在内的世界一些工业发达国家在流域跨界管理方面取得了显著的成果，积累了丰富的经验，这对我国的水环境管理，尤其是水资源跨界管理工作具有重要的借鉴意义。

美国：对流域跨界水管理，在美国越来越突出以流域为单元，将流域各方面问题综合起来进行集成管理。流域内设立流域委员会，由公众代表、州政府与联邦政府人员共同组成；对流域水质的保护由联邦、州环保局制定标准，并提供资金，让流域委员会具体实施，让地方政府处理当地的环境问题。

对于流域管理，美国在较大的流域上建立拥有极大流域管理权限的田纳西流域管理局（TVA）和特拉华流域委员会（DRBC），对于流域水污染的控制和管理。由联邦和州的环保局制定相应的水质排污标准、水环境管理政策等，并提供资金，交由流域管理委员会实施。

英国：英国的水事务管理是由政府有关的部门分别承担，对跨界河流起宏观控制和协调作用，负责制定和颁布有关跨界水的法规政策及管理办法，并监督法律的实施。为突出流域跨界水管理的重要性，英国在较大的河流上都设有流域委员会、流域管理局、水务局或水务公司，统一流域水资源水环境的规划和水利工程的建设与管理，直至供水到用户，然后进行污水回收与处理，形成一条龙的水管理服务体系。

通过立法对水务局管理模式进行精简机构，英国在加强政府在水及流域水资源水环境管理工作中的宏观指导与规范管理能力的同时，将水务局转化为水务公司，政府机构退化了水产业运作或经营作用，实现政府部门在水管理与水产业经营的职能分离，提高水务局的真正管理水平与效率。

法国：法国水管理体制分五级，即国家级、流域级、地区级、地方级和国际级。法国跨界水管理中起主要作用的是环境部，环境部在有关地区设有派出机构环境处，主要是执行国家有关法规和欧共体有关水的指导原则，监督水资源管理和公用事业，与水务局合作制订水资源管理与发展计划，提供有关水管理建议，尤其是对跨界水质的污染治理和管理。

在长期的工业化过程中，法国针对供水和水污染问题，通过立法不断改进水资源的取水许可权属管理和水资源的开发利用与保护工作，逐步完善管理体制，已由过去的多头分散管理基本上统一到以流域为单元的综合性集中管理。在流域跨界水的管理上，法律规定了国家、流域委员会、地方省、区级乡镇分级管理的责任、权利和义务；同时把参与水事活动的政府机关、事业单位、企业单位的职责明确分开，各自在法律赋予的权限范围内充分发挥作用，若有越权或违法行为发生，通过法律手段予以纠正或处罚。

加拿大：加拿大走过了 100 多年的水环境污染防治历程，积累了丰富的经验，作为一个发达国家重视跨区域水环境监管。五大湖位于美加两国边界，淡水的储量占全球约 20%。随着 20 世纪 60 年代工业化快速发展，五大湖污染十分严重，双方又签署了《五大湖水质公约》，以加强环境治理工作的协调。两国政府围绕“污染控制、技术研究、重点区域、治理工程”等方面加强了合作，共同采取政策和措施。目前五大湖水质已得到显著改善，生态系统基本恢复。如 80 年代，针对湖水严重富营养化问题，及时采取了全面禁止含磷洗涤剂使用，加强农业面源污染控制等措施，取得了较好的效果；90 年代，有毒有害化学品污染问题日益严重，对此双方强化了对医药、农药、化工等产品的生产、销售和使用管理，并加强了其对人体健康和水生态影响的研究和应对。

德国：德国在成立国家环境部时，将原属于内政部负责的水管理和农业部负责管理的自然保护等划给新成立的环境部管理，于是跨界水管理成为德国环境部门统一管理的一项重要职能。关于水环境监测与信息共享问题。依据欧盟、联邦与地方法律，环境监测数据等所有的都应公布。各地方政府在行政区域内建立了相应的环境监测网，有的州可能建立多个环境监测网，监测跨界水质，并同时拥有信息发布权。而各自信息的可信度与可用性受依据其信息在监测的时间序列的长短特点、信息本身的可比性、科学性、实时性等因素的影响，谁的资料和信息被人们所接受和采纳的多，自然谁的权威性将有所体现。

日本：日本的琵琶湖是滋贺县 1 400 万人的水源地，也是京都府、大阪府和兵库省水源的重要供给地。从 1950 年开始，随着经济快速增长，排放到湖体的污染物大量增加，水质不断恶化。由于跨界水质污染，1971—1972 年琵琶湖污染达到了最严重的程度，湖内的水明显变臭。1977 年后的 10 年中，频繁出现藻类，直接影响到居民的饮水安全。痛定思痛，日本从 20 世纪 70 年代初开始，在琵琶湖提出了污染物排放总量控制的概念，实行了严于日本全国的污染物排放标准和环境影响评价标准，很多污染物排放限值大幅提高，与健康有关的指标提高了 10 倍左右。环境准入“门槛”的提高，极大地推动了当地产业结构的优化升级，从发展的源头上削减了污染。经过努力，加大跨界污染治理使入湖污染物大幅下降，给湖泊环境质量的改善和生态系统的修复提供了有利的机会。另外，通过实行底泥疏浚工程，用芦苇丛进行水质净化，清理革除湖内青草等，促进了湖泊生态修复。实践证明，琵琶湖的休养生息，既改善了琵琶湖环境质量，又提升了周边地区的发展水平。

从世界主要国家和地区的流域管理体制来看，大都采取了流域管理体制与综合管理机制相结合的做法。各国均组建了水资源保护和管理职责的专门管理机构，并逐渐成为水资源水环境管理权限的核心机构；同时，与国家政府的集中管理相对应，按照流域综合管理的要求，在地方设立以流域综合管理为主的不同效力层级的相应机构。

1.1.2.2 国际跨界河流管理成功案例——莱茵河

莱茵河是举世闻名的从“欧洲公厕”成为国际跨界水污染治理的样板。剖析莱茵河流域的环境问题和治理方法，以莱茵河多国治理为案例，总结国际上跨界水环境管理的先进经验，这将为我国在治理跨界水环境管理工作方面提供参考。

莱茵河跨越瑞士、德国、法国、卢森堡、荷兰等 9 个欧洲国家，是欧洲第三大河。20 世纪莱茵河已形成化工、冶金、汽车制造等 6 个世界重要的工业基地。莱茵河的水环境问题也是随着莱茵河的大面积开发利用而日益尖锐。20 世纪 50 年代末，水质开始变差；60 年代水质恶化；到 70 年代初莱茵河鱼类消失。莱茵河被称为“欧洲下水道”、“欧洲公共厕所”。莱茵河流域的跨界水污染一直是困扰流域国家的主要问题。50 年代初成立了“莱茵河防治污染国际委员会”（ICPR）。莱茵河流域管理行动是经过几十年不懈的努力才使莱茵河成为了世界上管理得最好的一条河，也是人与河流关系处理得最成功的一条河。

ICPR成立以来，先后签署了一系列的莱茵河环保协议，有关国家一致采取行动完成协议确定的目标，对莱茵河的环境治理起到了巨大作用。这些保护公约主要是1999年新莱茵河公约，防治化学污染公约（1976年签署），防治氯化物污染公约（1976年签署）。通过几十年来对环境的有效治理和保护，莱茵河流域的生态环境得到显著改善，从实施莱茵河2000年行动计划以来，经过流域各国持续不断的努力，已经达到所期待的目标，使莱茵河成为欧洲最清洁的河流。在莱茵河流域整个治理过程中，有许多经验值得我们借鉴。

莱茵河的成功，最主要的经验是加强跨界流域的国际合作，共同协力承担污染治理责任。为改善莱茵河水质，保证流域的生态平衡和经济可持续发展，莱茵河沿岸的9个国家都把流域环境保护看作是共同的利益，长期通力协作，治理污染。由于9个国家共同协调管理莱茵河流域水环境的机制，促进了莱茵河流域水质和水环境功能的改善，成为国际环境合作和跨国界流域污染治理的成功典范。

莱茵河成功经验还包括：

（1）科学地制定莱茵河流域水质标准。莱茵河的水质标准有如下特点：水质分级管理的要求更细。4类水质标准分为7个等级；控制标准的浓度值宽。这使低功能水域也纳入标准管理范围；高功能水质的标准更加严格。其大部分高功能水质标准值都严于我国的高功能水质要求。

（2）严格执行环保法律法规。莱茵河流域各国又投入大量的财力和人力进行治理。防治莱茵河污染国际委员会于1988年分别制定了《莱茵河协定》和《莱茵河行动计划》，提出要消除突发性污染事故造成的生态危害，防治洪涝灾害，严格控制排入莱茵河的污水和污染物总量，提高水质，使莱茵河入海口的北海生态能稳定在良性状态，促进莱茵河流域生态系统的可持续发展。

（3）完善莱茵河流域环保基础设施，控制污染物排放总量。在莱茵河流域的企业实行清洁生产和废物再利用。

（4）采用先进的监测技术和先进的科学仪器，在莱茵河上科学地设置监测断面，统一监控莱茵河流域水质变化。

（5）制定莱茵河流域治理长远规划，促进莱茵河流域可持续发展。莱茵河的环境保护工作都把莱茵河可持续发展作为流域发展的唯一原则，制定可持续防治水域污染的规划，把全流域作为一个整体空间来考虑。流域内各国的经济发展和污染物控制总量计划等都进行统一协调，并进一步增强流域内各国所有排污单位的责任感，加强参与者之间的合作环境保护政策和措施。

莱茵河流域跨界综合整治的成功经验是实施了跨界区域合作。莱茵河流域各国均自觉地将保护莱茵河水环境看成是自己必须承担的责任。例如莱茵河保护委员会中的机构把自来水、矿泉水公司和食品制造企业等“水敏感企业”都组织了进来，使之成为水质污染的报警员。荷兰的一家葡萄酒厂，发现他们取自莱茵河的水中出现了一种从未有过的化学物质，酒厂立刻把情况反映到委员会。委员会下设在各国的监测站，迅速检查出来，这种物质是法国一家葡萄园喷洒的农药，流入了莱茵河。很快，这家葡萄园就赔偿了损失。

莱茵河的成功经验可供我国流域管理工作参考。多年来，长江流域上省界断面水质是在上游污染中游，中游污染下游，下游污染河口，河口污染海洋，转嫁污染导致摩擦和争执屡屡发生。莱茵河保护委员会机构很小，仅有很少人在管理，但确能成功地协调莱茵河流域不同国家的利益，保护好流经 9 个国家的莱茵河。而我国的长江，尽管有数万人在管理，却出现了水源污染恶化趋势，两相对比，发人深省。

1.1.3 我国的跨界水资源水环境管理经验与教训

1.1.3.1 我国江河流域跨界水污染治理的主要难点

我国江河流域跨界水污染治理的主要难点表现为以下两方面。

其一，跨界水污染影响具有其广泛性。水资源具有流动性的特点，上游排放的污水将会随着水流污染到中下游甚至是整个流域的水质，同时水资源利用广泛，农业的灌溉、工业的生产、居民日常的生活等都离不开水。一旦某一区域的水资源受到污染和破坏，很可能会给整个流域带来严重的影响。

例如，长三角地区主要覆盖太湖流域和长江流域下游，是典型的平原河网地区。长三角流域基于独特的自然地理条件、工业发展模式、城市化进程等因素的影响，给跨界水污染的治理带来了难题。长三角地区工业化进程十分迅速，快速发展工业的同时也增加了环境的负担。缺水只不过是长三角区域环境整体恶化最突出的一个问题。作为中国经济最为活跃的地方，长三角地区在经济多年高速增长的同时也面临着区域环境质量下降的压力。长三角地区已经成为我国新的生态环境脆弱带，罪魁祸首就是严重的水污染、大气污染和耕地污染等一系列问题，都涉及社会发展与自然的协调关系。国际制造业向中国转移的趋势仍在持续，一些化工、造纸、钢铁等污染较严重的行业纷纷在沿江沿湖落地。以长三角目前的经济发展趋势，如果对环境问题不采取有力的措施，长三角污染将会进一步恶化。各地方的企业为促进自身利益发展最大化地利用水资源，忽视了对水资源的保护，如苏南和浙北地区的乡镇企业、个私企业数量多，范围广，排污量大，很大程度上还是地方政府税收的主要来源，地方环保部门难以做到有效的监管；长三角地区人口众多，随着经济的快速发展，该地区城市化进程也明显加快，在城镇建设和城市化发展过程中的人口和物资的聚集、工业经济的高速发展，使得城市和城镇分别成为不同程度的水污染中心。

其二，跨界水污染治理工作由谁来做，这也是跨界水污染治理难点。流域水污染治理的责任、目标并不是十分清楚。“谁污染、谁治理，谁治理、谁受益”的治理原则在现实中并未得到实践。常会出现流域中下游的治理主体需要为上游的污染排放“埋单”的情况，这直接打击了治理主体的积极性，导致跨界水污染治理的失败。

例如，太湖流域跨界水污染的治理存在条块管理、行政分割的问题，简单地说就是“行政区行政”的封闭性与水资源本身的流动性存在矛盾。流域内的各地方政府必然寻求地方区域边界内的利益最大化或地方行政区域边界内的治理成本最小化。太湖流域跨界水污染在治理责任划分、污染责任追究、水污染治理合作的方式手段等方面，存在着不确定性，甚至可以说是“无法可依”的地步。跨界水污染问题的背后是区域经济利益的竞争。

1.1.3.2　我国流域跨界管理经验教训案例——淮河

我国的淮河流域水污染防治的发展历程具有十分典型的代表性，在一定程度上可以反映出我国的跨界水资源管理经验与教训。

淮河流域包括河南、安徽、山东、江苏四省的部分区域和 9 个省辖市，47 个县（市、区）。淮河是我国第一条进行水污染综合治理的大江河，列入了“九五”、“十五”国家重点治理的“三河三湖”之首。淮河流域是华东地区重要的粮、煤、棉基地，在社会和经济发展中占据十分重要的地位。其跨界水污染治理问题一直为国家高度重视及社会集中关注。

作为国家投入最大的大河治理工程，淮河水质多少年没有好转，甚至恶化。其重要原因之一，是我国现行法律赋予环保部门的权力有限，对环境违法行为的处罚额度小、处罚周期长、环境执法威慑力不足，使许多环境违法行为得不到及时有效的遏制。

淮河自 1978 年以来发生多次重大污染事故：1989 年，1.1 亿 m^3 的污水经蚌埠闸下泄，形成 60 km 污水带；1994 年，发生“7.23”特大污染事故，持续时间 55 天；2001 年，淮河上游 1.44 亿 m^3 污水形成 20 余 km 污水带；2002 年，1 亿～3 亿 m^3 污水下泄，充斥河面的黑色污染水团全长达 133 km。十多年来，淮河流域的人口剧增，工农业生产突飞猛进，乡镇企业更是异军突起。大量的工业废水、生活污水、城镇垃圾、厂矿的废渣以及农田里的农药和化肥泄入河道。淮河流域承受着点源与面源的严重污染危害。

为遏制淮河流域环境状况持续恶化的局面，保障居民基本的生产生活条件，1994 年，国务院召开了淮河流域水污染防治执法检查现场会，决定将淮河流域作为全国水环境综合整治的重点工程。揭开了淮河治污的序幕。随后，相继制订和实施了淮河流域水污染防治规划及“九五”、“十五”计划。

在经过多年治理后，淮河流域环境状况虽有一定改善，但水污染事件仍然频发不断。尽管淮河流域排污总量有所削减，但由于污染物的长期积累，淮河流域水污染形势依然严峻。

在淮河水体于2000年初步实现阶段性治理目标的随后两年，淮河水污染就呈现再次加重的趋势，污染程度反弹到2000年前水平。2002年淮河流域在达标后再次出现污染险情。全流域188个城镇COD入河排放量与国务院要求的总量控制目标超标很多，并且呈现逐年增加的趋势。

在2002年淮河流域省界及重点监控断面水体水资源质量状况通报表明，省界断面共31个，综合评价Ⅱ类水占6.5%，Ⅲ类水占6.5%，Ⅳ类水占12.9%，Ⅴ类水占9.7%，劣Ⅴ类水占64.4%，与《淮河流域水污染防治规划及“九五”计划》水质目标相比，省界断面水质达标率为22.6%。淮河流域的跨界水污染问题非常严重。沿淮各省的跨界水污染纠纷持续不断。淮河尽管是中国目前污染治理资金投入最多、开展最早的大江大河，却仍是受污染最严重的河流之一。在测评的淮河2 000 km河段中，78.7%的河段不符合饮用水标准，79.7%的河段不符合渔业用水标准，32%的河段不符合灌溉用水标准。

从排污量来看，淮河流域排污总量居高不下。2005年，淮河流域废水排放量41.7亿t，化学需氧量（COD）排放量104.7万t，是“九五”目标的2.8倍，“十五”目标的1.6倍，“十一五”目标的1.2倍；氨氮排放量14.0万t，是“十五”目标的1.2倍，“十一五”目标的1.3倍。从水质来看，污染仍然严重。淮河干流14个监测断面Ⅱ、Ⅲ类水质比例仅占14%，Ⅳ类水质比例占29%，Ⅴ类、劣Ⅴ类水质所占的比例高达57%。从饮用水源来看，饮水安全状况堪忧。2005年，淮河流域63个主要集中式饮用水源地中有12个未能达到功能要求，上百万人的饮水安全受到威胁。根据安徽省环境监测部门统计数据显示，2006年，淮河干流11个监测断面中，只有2个达到III类水质标准，其余 9 个均为IV类。而淮河支流污染更为严重，24 条支流 67 个监测断面中，V类和劣V类水质比例超过 60%，其中奎河、济河等 9 条支流均为劣V类，处于重度污染状态。

原国家环境保护总局发布 2005 年水质报告显示，我国七大水系总体水质基本稳定，珠江、长江水质较好，黄河、松花江水质较差，海河、辽河、淮河污染严重。

淮河流域水资源短缺和水质严重污染已成为制约流域经济社会可持续发展的重要因素。淮河流域人均地表水资源量为 337.6 m^3，仅为世界人均水资源量的 1/20，不足全国人均水资源量的 1/5，另外，严重的水质污染进一步加重了流域的水资源短缺。淮河流域各省都存在严重的跨界水污染问题。跨界河流污染造成上、下游地区之间的矛盾，集体上访案件增多。有的地方甚至发生了拦河筑坝、炸船沉车等恶性事件，引起社会广泛关注，成为环境敏感、热点问题，也是政府、环保部门重点、难点工作。淮河水质污染反弹、水质恶化的隐患仍然存在。

2009 年在扬州举行的“全国环境保护部际联席会议暨淮河流域水污染防治工作专题会议”上环境保护部部长周生贤指出：“沿淮四省流域治污工作虽然取得了新进展，但总体上看，淮河水质仍属中度污染，治污形势依然严峻。”沿淮四省流域治污工作虽然取得新进展，但还存在四方面问题：一是突发环境污染事故仍时有发生。流域内工业企业密集，违法排污甚至污染事故依然存在。二是部分治污工程项目进展缓慢。《规划》中还有 39%的治污项目未建成，尤其是城镇污水再生利用项目和重点区域污染防治项目进展缓慢，目前分别尚有 41%和 65%的项目没有建成。三是部分出境断面氨氮污染问题凸显。四是城镇污水处理厂削减污染效能仍有待提高。流域城镇污水处理厂管网不配套、负荷率不高、污泥得不到妥善处置和运行管理不规范等问题仍然存在。

淮河流域存在严重的跨界水污染问题主要原因如下述。

（1）淮河流域水资源保护局的主体地位并未明确。淮河流域水资源保护局为淮河流域的流域管理机构，应控制整个流域的环境质量。淮河流域四省的水污染防治实行的是行政区域管理。各省市都是从自己的利益角度出发，重视的是本部门本地区的经济发展，从而导致淮河流域跨界水环境污染纠纷不断发生。由于没有足够的实际权力，使淮河流域水资源保护局在处理水环境跨界污染过程中难度大，无法发挥其宏观调控的作用。

（2）多方面原因造成淮河流域跨界污染。包括四省的跨界河流治理缺乏整体规划，各省往往是各行其是；跨界污染分散治理，难以做到协调统一，从而达到最佳治理效果；上游排污地区缺乏治理污染的紧迫感、责任感；淮河流域有的地区只考虑利己的经济利益，而存在地方保护主义思想，个别地区地方保护主义严重，对违法排污放任自流。对污染严重的“十五小”企业躲避执法部门检查；对一些超标排放污水的创税企业地方政府对其管理不严。

（3）经济欠发达地区可能没有足够的资金支持。淮河治污“九五”计划要求投入 166 亿元，实际投入 66%。淮河治污“十五”计划 256 亿元资金安排中，还有 173 亿元资金缺口。治污设施建设滞后，尤其是城镇污水处理厂建设缓慢。污染物处理技术落后，污染物处理能力不足，可能导致这些地区没法完成污染物削减任务，只有向其下游地区转移污染物。而经济发达地区有足够的资金支持，先进的污染物处理技术，充足的污染物处理能力，同样由于没有污染物转移削减利益协调机制，这些地区没有责任和动力去削减其他地区的污染物，由此导致严重的跨界水污染问题。

（4）治污体制机制尚未理顺。淮河治水与治污没有形成协调一致的管理机制，对污染治理进展状况缺少有效监督和必要的奖惩机制；大部分城市污水处理厂没有实行市场化运作，多元化投资机制尚未形成；没有建立统一的监测和信息发布机制。现有环境监管能力不适应淮河治污新形势的需要，普遍存在违法成本低，守法和执法成本高的问题。一些地方对治污工程不重视，对城市污水处理厂等基础设施建设不积极，即使建成后也是“晒太阳”，没有发挥其应有的治理污水的作用。

1.1.3.3 跨省界和跨国界河流管理案例——松花江

松花江是我国跨省界和跨国界的大河流。松花江跨界污染防治不仅对吉林和黑龙江东北老工业基地的发展具有重要意义，对我国实施国际河流保护与开发利用，对国际经贸和中俄两国关系发展都具有重要作用。

松花江是我国七大河流之一，是黑龙江和吉林两省的母亲河，是东北老工业基地生存和发展的命脉。2006 年流域人口约 6 200 万。松花江的环境污染危害随着流域经济的快速增长和人口的增加而越来越突出。松花江流域作为国家“一五”计划时期投资建设起来的“新中国工业的摇篮”，其发展几乎代表了新中国成立以来半个多世纪我国工业化的特点和历程，在“高消耗、高投入、高污染”的传统经济发展过程中所带来的环境污染已给松花江造成了严重的污染危害。松花江的环境污染危害随着流域经济的快速增长和人口的增加而越来越突出，水质污染加剧，水环境遭到破坏，污染事故频发。松花江沿江工农业生产发展受到影响，沿江人民赖以生存的饮用水安全受到威胁、渔业资源和生物多样性遭到严重破坏、沿江人群身体健康受到危害。松花江的环境污染已成为制约流域老工业基地发展的重要因素之一。松花江流域的吉林和黑龙江是东北老工业基地，松花江上游的第二松花江是我国的重化工业基地，二松的吉林市排放的各种有机污染物包括有毒有机污染物已形成了对松花江的全江污染危害。

松花江上游的污染造成其下游的哈尔滨松花江饮用水源地被迫取消，不得不耗资 50 多亿从近 200 km 的磨盘山水库境外引水。松花江水质污染是东北老工业基地最主要的环境问题之一。由于沿岸石油化工等企业的高速发展，使松花江已成为纳污水体和跨界污染的河流，水环境污染十分严重，使松花江大部水体已失去使用功能。松花江已形成点源污染与面源污染共存、生活污水和工业废水污染叠加、各种新旧污染与二次污染相互复合的态势。对松花江的污染防治，国家在“八五”、“九五”、“十五”期间已制定了污染防治规划。但由于种种原因进展十分缓慢，尤其吉林和黑龙江水质跨界污染问题一直没解决。由于长期以来缺乏对松花江流域污染的系统性、协同性和创新性的科学研究，国家对松花江污染的环境决策的科技支撑比较薄弱，并且缺乏从全流域尺度综合协调环境污染控制政策措施等，使松花江水环境质量实质性改善进展十分缓慢，水质恶化仍在继续。

在松花江缺少流域角度的污染综合防治，尚未建立流域的污染事故预警与防护体系，流域的环境监管能力建设不足。这些使得2005 年 11 月发生了吉林石化公司的硝基苯污染事件。硝基苯污染事件不仅造成松花江的严重污染，也影响了界河黑龙江水质，造成了严重的国际影响。由于饮水安全问题导致一个省会城市全部停水 4 天，造成的损失以及由此带来的社会负面影响是很大的。应该反思的是松花江如何减少和杜绝跨省、跨流域、跨地区的河流水源污染治理问题。

松花江沿岸结构性污染已成为松花江主要的污染。松花江流域尤其是上游化工石化行业存在着严重的布局性环境风险。松花江上的吉林市已是我国最大的化工石化基地之一。随着东北老工业基地新一轮高速经济迅速增长，松花江流域化工石化生产已形成新的增长，伴随而来产生的环境污染也迅速增加。有机污染不仅跨界造成松花江的全江污染危害，也影响了其干流界河黑龙江水质。

松花江的跨界污染已有半个多世纪，其污染强度和污染影响都是很严重的。松花江的污染控制与治理具有长期性、复杂性、艰巨性，不可能仅通过一两个国家五年计划就能实现污染全面治理和生态环境全面恢复。

松花江硝基苯污染事件揭开了中国部分流域跨界污染治理严重欠账的伤疤，给人们的警示由于历史原因，松花江流域遍布了化工、石化、冶炼等高危行业，松花江的结构性污染严重，而跨界污染得不到重视，一旦发生重大事故，将会造成巨大的环境灾难和人民生命财产损失。面对松花江日益突出的环境污染问题，国务院又做出了加强对松花江流域污染治理的部署，让松花江休养生息。实施休养生息战略，就要对不堪重负的松花江实施减负，提高对污染物的处理能力，遵循生态系统的自然科学规律，采取措施修复生态系统功能。国家环境保护部在2007年5月召开的松花江流域水污染防治工作会议上宣布，国家已将松花江流域水污染防治工作提到更高的战略位置，一系列相关政策将进一步加大污染防治的力度，促进松花江污染治理规划的认真落实，让松花江休养生息，促进全流域的可持续发展与和谐稳定。让松花江休养生息这一重大战略决策实施以来，在党中央的关怀下，在各级政府的努力下，经过“十一五”的努力，松花江水质污染状况已有所好转。休养生息给松花江带来了前所未有的变化。在松花江休养生息战略决策执行期间，松花江流域的吉林和黑龙江两省加大跨界水质污染防治的力度，正在使松花江水质不断趋于好转。

2010年7月28日穿越吉林市永吉县的温德河出现洪峰，永吉县经开区内的新亚强生物化工有限公司、吉林众鑫集团两家企业的库房被洪水冲毁，装有三甲基一氯硅烷、六甲基二硅氮烷7 000只左右的物料桶被冲入松花江。事件发生后，吉林省快速组建了8道防线，以期更有效、彻底地拦截打捞江中浮桶。环保部门沿江布设了7个监测段面，其中包括上游对照段面，对松花江水质进行全面监测。吉林化工原料桶流入松花江，黑龙江省多措并举应对有序，没有一只化工原料桶从第二松花江进入松花江干流。这次突发事件的环保行动是跨界污染防治的联合大行动，为松花江上下游污染防治和突发跨界污染事件的处理创造了一个良好的开端。

1.2 长江流域水资源水环境调查与评价

长三角地区的发展与长江、太湖两大流域紧密相关，为此，调查与研究长江流域与太湖流域的水量、水质情况是此项研究的重要基础。

1.2.1 长江流域水资源基本情况

长江流域地处我国中南部，干流经青海、西藏、四川、云南、重庆、湖北、湖南、江西、安徽、江苏和上海 11 省（直辖市、自治区）注入东海，全长 6 300 余 km。支流伸展到贵州、甘肃、陕西、河南、广西、广东、浙江、福建 8 个省（自治区）。流域面积 180 余万 km^2，占全国总面积的 1/5。

长江流域雨量丰沛，水资源丰富。水资源量约为 54 万 m^3/km^2，为全国平均值的 1.9 倍。流域水资源主要为河川径流，上游控制站宜昌多年平均年径流量 4 510 亿 m^3，下游控制站大通约为 9 150 亿 m^3，流域多年平均年径流量 9 513 亿 m^3；另外，淮河在扬州三江营汇入长江 205 亿 m^3，长江口多年平均年入海水量约 9 760 亿 m^3。长江年径流区组成，宜昌以上占 48.9%，中游洞庭湖、汉江、鄱阳湖约占 43.7%，下游支流水量有限。径流年内分配和降水相应，很不均匀，干流汛期水量占年径流量的 70%～75%，支流则在 55%～80%，但年际变化小，年入海水量最丰年近 13 600 亿 m^3，最枯年也有 6 320 亿 m^3。由于流域人口众多，人均占有水资源量约为 2 400 m^3，与全国平均值相当；耕地亩均占有水量约 2 800 m^3，为全国平均值的 1.4 倍。

长江流域多年平均年降水量为 10 559.0 亿 m^3，50%保证率年径流量为 9 417.0 亿 m^3，75%保证率年径流量为 8 656.0 亿 m^3，95%保证率年径流量约 7 610.0 亿 m^3。西南诸河多年平均年径流量为 5 853.3 亿 m^3。

长江片流域 1998 年地表水资源量为 19 289.5 亿 m^3，地下水资源量为 4 613.6 亿 m^3，扣除地表水与地下水重复量后，长江片流域水资源总量为 19 416.0 亿 m^3。长江流域水资源总量为 13 129.5 亿 m^3，平均产水系数 0.60，产水模数 73.49 万 m^3/km^2；西南诸河水资源总量为 6 286.5 亿 m^3，平均产水系数 0.62，产水模数为 75.77 万 m^3/km^2。

1998 年长江片流域分区水资源量见表 1-1；1998 年长江片行政分区水资源量见表 1-2。

表 1-1 1998 年长江片流域分区水资源量 单位：亿 m^3

流域分区	降雨量	地表水资源量	地下水资源量	水资源总量
长江片	31 789.87	19 289.46	4 613.57	19 416.00
长江流域	21 730.02	13 003.70	2 895.13	13 129.53
金沙江	3 982.54	2 027.54	501.62	2 029.40
岷沱江	1 601.76	1 080.34	295.70	1 083.22
嘉陵江	1 582.41	775.71	169.65	776.49
上游干流	1 330.61	834.23	135.11	834.23
乌江	1 006.40	630.75	175.47	630.75
汉江	1 528.00	597.24	194.75	629.27
中游干流	1 437.14	834.34	174.15	851.32
洞庭湖	4 199.31	2 911.31	668.55	2 920.59
鄱阳湖	3 387.11	2 501.10	418.53	2 503.80
下游干流	1 087.06	607.11	82.37	615.09
三角洲平原	587.68	204.03	79.25	255.39
西南诸河	10 059.84	6 285.77	1 718.44	6 286.47
雅鲁藏布江	2 574.99	1 934.01	484.52	1 934.01
藏西诸河	47.25	23.17	12.51	23.17
藏南诸河	2 989.57	1 882.00	439.26	1 882.00
怒江	1 314.59	852.77	286.54	852.94
澜沧江	1 768.60	819.41	274.05	819.59
伊洛瓦底江	468.93	334.98	94.04	335.00

注：数据来自长江片 2001 年水资源保护规划报告。

表 1-2 1998 年长江片行政分区水资源量 单位：亿 m^3

省级行政区	降雨量	地表水资源量	地下水资源量	水资源总量
长江片	31 789.87	19 289.46	4 613.57	19 416.00
青海	801.40	286.00	107.72	286.00
西藏	6 854.19	4 617.90	1 189.74	4 617.90
云南	4 517.89	2 221.43	694.71	2 223.99
四川	4 862.45	2 999.98	673.27	3 002.98
重庆	1 174.20	783.20	102.78	783.20
贵州	1 235.90	707.60	212.38	707.60

省级行政区	降雨量	地表水资源量	地下水资源量	水资源总量
甘 肃	205.00	79.23	33.03	79.72
湖 北	2 503.98	1 373.25	337.41	1 407.27
湖 南	3 382.27	2 375.17	511.32	2 813.67
江 西	3 383.70	2 504.94	419.29	2 058.06
陕 西	698.09	282.96	83.05	287.65
河 南	268.27	85.38	30.76	99.36
广 西	195.04	145.46	53.97	145.45
广 东	4.70	2.00	0.51	2.00
安 徽	951.00	549.50	66.88	553.80
江 苏	462.42	138.33	51.92	171.46
上 海	73.70	27.35	14.83	42.10
浙 江	189.67	92.59	24.79	98.59
福 建	25.00	17.20	5.21	17.20

1.2.2 长江流域水资源开发利用状况

长江片 1998 年总供水量 1 754.6 亿 m^3，其中长江流域总供水量 1 672.2 亿 m^3，占 95.3%，西南诸河总供水量 82.4 亿 m^3，占 4.7%。长江流域总供水量中，地表水源供水量占 94.9%，地下水源供水量占 4.2%，其他水源供水量占 0.9%；西南诸河总供水量中，地表水源供水量占 97.3%，地下水源供水量占 2.3%，其他水源供水量占 0.4%。跨流域调配有长江流域从西南诸河引水 0.47 亿 m^3，从淮河流域引水 0.18 亿 m^3，引江入淮 10.73 亿 m^3。

长江片 1998 年总用水量为 1 740.6 亿 m^3，其中长江流域总用水量 1 658.2 亿 m^3，占 95.3%，西南诸河总用水量 82.4 亿 m^3，占 4.7%。长江流域总用水量中，农业用水量为 972.2 亿 m^3，占 58.6%；工业用水量 494.4 亿 m^3，占 29.8%；生活用水量为 191.6 亿 m^3，占 11.6%。西南诸河总用水量中，其中：农业用水量为 65.0 亿 m^3，占 78.9%；工业用水量 8.1 亿 m^3，占 9.9%；生活用水量 9.3 亿 m^3，占 11.2%。

目前，长江流域水资源开发利用率仅为 17.3%，低于全国平均水平，说明开发潜力很大。西南诸河则更低，可见长江片水资源利用程度尚不高。长江流域水资源虽然比较丰富，但部分地区仍有缺水问题，有的属于资源性缺水，有的属于水质性缺水，个别地区由于地下水超采，而出现地下漏斗。1998 年长江片流域分区供用水量，见表 1-3。1998 年，长江片行政分区供用水量情况，详见表 1-4。

表 1-3　1998 年长江片流域分区供用水量　　单位：亿 m^3

流域名称	供水量				用水量			
	地表水	地下水	其他	总供水量	农业	工业	生活	总用水量
长江片	1 667.74	72.56	14.31	1 754.61	1 037.21	502.56	200.83	1 740.60
长江流域	1 587.59	70.63	14.02	1 672.24	972.22	494.43	191.59	1 658.23
金沙江	54.67	3.78	0.57	59.01	43.18	9.45	7.73	60.35
岷沱江	116.51	6.34	0.00	122.85	78.58	30.68	12.81	122.07
嘉陵江	56.83	5.64	0.03	62.50	36.79	15.49	11.53	63.81
上游干流	56.65	1.57	0.02	58.24	24.83	20.29	11.45	56.57
乌江	48.15	1.26	0.00	49.40	23.63	17.38	8.20	49.20
汉江	103.29	14.37	0.12	117.79	74.62	30.57	12.96	118.15
中游干流	136.55	5.47	4.05	146.06	79.26	49.74	17.07	146.07
洞庭湖	349.54	12.79	7.21	369.53	253.26	65.64	38.38	357.28
鄱阳湖	178.54	10.44	1.57	190.56	142.79	31.18	16.57	190.54
下游干流	196.02	2.51	0.36	198.89	107.62	70.95	20.32	198.89
三角洲平原	290.85	6.47	0.09	279.41	107.66	153.07	34.58	295.30
西南诸河	80.15	1.93	0.29	82.37	64.99	8.14	9.25	82.38
雅鲁藏布江	10.52	0.66	0.00	11.18	9.98	0.49	0.70	11.18
藏西诸河	0.13	0.01	0.00	0.14	0.10	0.00	0.03	0.14
藏南诸河	2.78	0.02	0.00	2.80	2.63	0.01	0.15	2.80
怒江	10.57	0.33	0.06	10.97	8.57	0.86	1.54	10.97
澜沧江	24.66	0.29	0.23	25.18	20.10	2.57	2.51	25.18
伊洛瓦底江	7.83	0.12	0.00	7.96	6.57	0.65	0.74	7.96

注：数据来自长江片 2001 年水资源保护规划报告。

表 1-4 1998 年长江片行政分区供用水量情况 单位：亿 m^3

流域名称	供水量				用水量			
	地表水	地下水	其他	总供水量	农业	工业	生活	总用水量
长江片	1 667.74	72.56	14.31	1 754.61	1 037.21	502.56	200.83	1 740.60
青海	0.27	0.05	0.00	0.33	0.05	0.02	0.26	0.33
西藏	15.40	0.75	0.00	16.15	14.15	0.55	1.47	16.17
云南	102.67	4.27	0.85	107.79	82.97	11.63	13.20	107.80
四川	190.01	11.83	0.00	201.84	127.91	49.02	24.89	201.82
重庆	52.47	1.43	0.27	53.92	19.14	23.45	11.16	53.75
贵州	64.10	1.40	0.00	65.50	34.69	19.72	11.06	65.47
甘肃	2.31	0.76	0.00	3.07	2.06	0.43	0.58	3.07
湖北	219.40	8.19	4.17	231.76	129.77	74.98	26.94	231.68
湖南	300.96	11.20	7.08	319.24	221.74	52.24	33.10	307.08
江西	189.50	11.46	1.69	202.65	145.15	39.83	17.67	202.65
陕西	20.12	3.16	0.03	23.31	19.54	2.22	2.12	23.88
河南	11.11	9.12	0.00	20.24	13.90	3.45	2.88	20.23
广西	16.25	0.11	0.00	16.36	13.21	2.11	1.04	16.36
广东	0.16	0.01	0.00	0.17	0.14	0.00	0.01	0.15
安徽	81.62	0.66	0.36	82.64	57.67	19.64	6.33	82.64
江苏	230.38	5.34	0.00	235.72	95.33	115.63	24.76	235.72
上海	113.31	1.03	0.00	114.34	22.70	74.25	17.39	114.34
浙江	57.71	1.78	0.09	59.58	37.69	14.40	5.99	57.47
福建	0.00	0.00	0.00	0.00	0.00	0.00	0.00	0.00

注：数据来自长江片 2001 年水资源保护规划报告。

1.2.3 长江流域水污染情况

在 1998 年长江片评价河长共计 33 908.1 km，其中：Ⅰ类水河长 2 634.44 km，占 7.8%；Ⅱ类水河长 11 896.6 km，占 35.1%；Ⅲ类水河长 13 440.3 km，占 39.6%；Ⅳ类水河长 2 909.7 km，占 8.6%；Ⅴ类水河长 1 754.2 km，占 5.2%；劣于Ⅴ类水河长 1 272.9 km，占 3.7%。河流水质以Ⅲ类以上水为主，占评价河长的 82.5%，劣于Ⅲ类水河长占总评价河长的 17.5%。劣于Ⅲ类水河段主要出现在干流城市江段和工业相对集中的支流。

长江流域总评价河长 25 137.1 km，其中：Ⅰ类河长 1 294.4 km，占 5.2%；Ⅱ类水河长 8 659.6 km，占 34.4%；Ⅲ类水河长 10 442.3 km，占 41.5%；Ⅳ类水河长 2 078.7 km，占 8.3%；Ⅴ类水河长 1 682.2 km，占 6.7%；劣于Ⅴ类水河长 979.9 km，占 3.9%，劣于Ⅲ类水河长占总评价河长的 18.9%。

西南诸河总评价河长 8 771.0 km，Ⅰ类水河长 1 340.0 km，占 15.3%；Ⅱ类水河长 3 237.0 km，占 36.9%；Ⅲ类水河长 2 998.0 km，占 34.2%；Ⅳ类水河长 831.0 km，占 9.5%；Ⅴ类水河长 72.0 km，占 0.8%；劣于Ⅴ类水河长 293.0 km，占 3.3%。劣于Ⅲ类水河长占总评价河长的 13.6%。

在 1998 年，长江片废污水排放总量为 369.1 亿 t（含火电冷却水和矿坑排水），其中：工业废水 296.4 亿 t，占 80.3%；生活污水 72.0 亿 t，占 19.7%。扣除火电冷却水和矿坑排水后，年废污水排放总量为 202.4 亿 t，废污水排放量绝大部分是在长江流域，西南诸河城市排放的很少。长江片流域分区废污水排放量见表 1-5。1998 年，长江片流域行政分区废污水排放量见表 1-6。

表 1-5 1998 年长江片流域分区废污水排放量

流域分区	废污水日排放量/万 t			废污水年排放量/亿 t
	工 业	生 活	合 计	
长 江 片	8 138.06	1 972.85	10 110.91	202.40
长江流域	8 137.78	1 972.75	10 110.53	202.40
金 沙 江	104.32	78.21	182.53	5.56
岷 沱 江	173.16	146.43	319.59	0.81
嘉 陵 江	185.74	130.04	315.78	11.26
上游干流	321.60	101.67	423.27	5.79
乌 江	87.93	58.98	146.91	5.07
汉 江	575.08	147.33	722.41	24.29
中游干流	855.23	200.03	1 055.26	28.13
洞 庭 湖	762.34	295.47	1 057.81	31.49

流域分区	废污水日排放量/万 t			废污水年排放量/亿 t
	工　业	生　活	合　计	
鄱阳湖	507.56	117.04	624.60	11.61
下游干流	1 230.83	210.77	1 441.60	25.82
三角洲平原	3 333.99	486.78	3 820.77	37.57
西南诸河	0.28	0.10	0.37	0.006 8

注：①日废水排放量中含火电厂冷却水和矿坑排水；②年废污水排放量中不含火电厂冷却水和矿坑排水；③数据来自长江流域片 2001 年水资源保护规划报告。

表 1-6　1998 年长江片流域行政分区废污水排放量

流域分区	废污水日排放量/万 t			废污水年排放量/亿 t
	工　业	生　活	合　计	
长江片	8 138.06	1 972.85	10 110.91	202.40
长江流域	8 137.78	1 972.85	10 110.54	202.40
青　海	0.51	0.22	0.73	0.03
云　南	81.37	57.32	138.69	4.33
四　川	281.96	277.04	559.00	18.93
重　庆	545.00	115.00	660.00	14.35
贵　州	70.77	7.54	145.31	5.05
甘　肃	6.44	1.96	8.40	0.31
湖　北	1 381.82	293.91	1 675.73	49.72
湖　南	504.60	258.30	762.90	21.54
江　西	622.74	127.94	750.68	19.42
陕　西	40.14	46.49	86.63	3.16
河　南	17.88	19.33	37.21	1.36
广　西	46.40	5.07	51.47	1.84
安　徽	259.72	91.23	350.95	10.90
江　苏	2 264.29	220.73	2 485.02	23.82
上　海	1 852.08	323.40	2 175.49	20.81
浙　江	162.06	60.27	222.33	6.83
西南诸河	0.28	0.10	0.37	0.006 8

注：①日废水排放量中含火电厂冷却水和矿坑排水；②年废污水排放量中不含火电厂冷却水和矿坑排水；③数据来自长江流域片 2001 年水资源保护规划报告。

近几年，长江流域经济继续保持快速增长态势，尤其是各地沿江开发战略的加快实施，重化工业发展迅猛，导致沿江地区用水量和污水排放量剧增。2007 年流域总用水量比 2000 年增加 200 亿 m^3，废污水排放量达到 306 亿 t/a，比 1999 年增加 103 亿 t/a。长江水环境保护面临更大的压力。在科学发展观的指导下，流域各地采取了一系列水污染控制措施，实施了一些重点水污染治理和节能减排工程，使流域水质保持了总体基本稳定。近几年来，长江干流及主要支流水质总体较好，干流水质总体优于支流。2007 年 103 个地表水国控监测断面中，Ⅰ～Ⅲ类、Ⅳ类、Ⅴ类和劣Ⅴ类水质的断面比例分别为 81.5%、3.9%、7.8%和 6.8%。其中，长江干流劣于Ⅲ类水的河长比例控制在 25%以下，支流水系劣于Ⅲ类水的河长比例控制在 35%以下。

长江水环境质量虽总体保持稳定，但并未出现根本好转，保护流域生态、维护长江健康任务依然十分艰巨。长江水环境总体状况基本稳定，但湖泊富营养化和供水安全形势依然严峻。流域湖泊水质普遍较差，水体富营养化仍呈加重趋势。2007 年，太湖、滇池、巢湖“三湖”都暴发了大面积蓝藻。太湖和滇池总体水质均为劣Ⅴ类，湖体总体处于中度富营养状态；巢湖总体水质为Ⅴ类，湖体处于轻度—中度富营养状态。2007 年太湖无锡饮用水源污染事件造成 200 余万人饮用水困难，震惊中外。

1.2.4 长江干流近岸水域是沿江城镇的主要水源地

随着我国工业化和城市化进程的加快，区域经济联系越来越密切，城乡经济资源的空间集聚化日趋明显，其标志是城镇化加速发展，都市圈尤其是大都市圈逐步形成并不断发展壮大，成为我国国民经济的重心区和增长极。其中长三角、珠三角和京津冀三大城市群已初具规模，在全国经济发展格局中占有非常重要的地位，城市群作为现代城市发展的一个新的空间单元，将成为 21 世纪国际竞争的基本单位。城市群对区域污染日趋严重，缺乏协调管理和共同治理的模式与机制。由于没有城市群区域环境保护和开发的协调政策，各个城市自主发展，导致较为严重的环境污染。在城市群空气污染方面，我国的主要城市群内大气污染有可能加剧，酸雨区的范围会有所扩大。如珠江三角洲已成为重酸雨区，长江三角洲地区经济的发展导致电厂的规模和数量不断增加，这些电厂向空气中排放大量二氧化硫使本区酸雨频频。在城市群水体污染方面，由于行政区域划分，环保部门各自为战，受各地政府牵制过多，长江三角洲流域只有 20%污水得到处理。珠江三角洲城市群内企业大多属重污染型工业，且规模小，布局分散，缺少有效的污水处理设施，因而珠江三角洲的河流受到不同程度的污染，导致水质变坏。

一些城市内河、内湖也是各地的水源地。据 1993 年调查统计，长江干流岸边自攀枝花以下有 394 个排污口，其后有些城市如上海、南京、武汉等采取污水江心深水排放，用这种方式排放的污水仅是一小部分，解决不了大问题，但是，投资巨大，仅上海竹园排放一期工程就投资了 16 亿元人民币。武汉市开发区的沌口水厂，在选取水口时，不能避开上游仅 100 m 处汉阳造纸厂排污口，最后不得不采取向江心延伸 300 m 取水，这样做要多花很多钱。水源地的水受到污染后，迫使各地出现了水质型缺水，因此要寻找第二水源或超采地下水，将带来不良后果。滇池一直是昆明市城市的供水水源地，但由于水质一度全部达劣Ⅴ类标准，而失去了利用价值。

长江流域 1998 年废污水排放总量为 202.4 亿 t，1999 年为 212.4 亿 t，2001 年为 220 亿 t。可见，废污水排放仍在逐年增加。

1.2.5 长江流域水资源水环境评价

（1）长江流域水资源与其他广大流域相比是丰富的，同时，开发利用率仅为 17.3%，说明开发潜力很大。但由于人口增加和经济发展，部分地区水的供求矛盾也日益尖锐，如有些城镇位于小支流或水系上游，缺乏水源工程和河谷深切高差大，水源难以利用；或供水水源受到严重污染，导致城镇供水矛盾更为突出。调查表明：长江流域共有缺水城市 59 座，其中严重缺水城市 26 座，较严重缺水城市 19 座，一般缺水城市 14 座；共有缺水县城 155 座，其中严重缺水的 35 座，较严重缺水的 50 座，一般缺水的 70 座。长江流域内尚有 3 300 余万人存在着饮水困难，并且生活贫困。部分地区水资源短缺是一个突出的问题。

（2）长江流域水污染也是一个突出问题。部分地区水污染也还比较严重。主要表现在：干流近岸水域存在着明显的污染带，流经城市段的水体污染严重，均是接纳城市排污所致。流域内湖泊富营养化趋势明显，有些已非常严重。

（3）长江流域存在着五大干旱缺水区，即滇中高原、四川盆地周边、衡阳丘陵及湖南地区、江西吉泰盆地以及鄂西北岗地。西南诸河一些干热河谷干热少雨，蒸发量大，生产与生活均受到影响，一些城镇人均日供水量少于 60 L。

1.3 太湖流域水资源水环境调查与评价

1.3.1 太湖流域水资源的基本情况

长三角的太湖流域多年平均水资源总量为 162 亿 m^3，其中地表水资源量为 137 亿 m^3，流域人均水资源量每年约为 450 m^3，年每亩均水量为 715 m^3。由于受到降雨影响，地表水资源年际分布不均。

太湖流域共划分 8 个四级水资源分区，即：湖西区、武澄锡虞区、阳澄淀泖区、太湖区、杭嘉湖区、浙西区、浦东区和浦西区，各水资源分区及水资源量见表 1-7。

1998 年太湖流域属偏丰水文年，年降雨达 1 269 mm。全年太湖流域总水资源量为 212 亿 m^3，其中：地表水资源量为 179 亿 m^3，地下水资源量为 59 亿 m^3。

太湖流域北濒长江、南临钱塘江，过境水资源丰沛。长江干流大通站多年平均下泄水量多达 9 051 亿 m^3，钱塘江 350 亿 m^3。太湖流域多年平均从长江引水达 45 亿 m^3 左右，2000 年引长江水 78 亿 m^3，从钱塘江引水约 10 亿 m^3。

表 1-7 太湖流域水资源分区统计结果

水资源分区	平均年降雨总量/亿 m^3	平均年径流量/亿 m^3	平均地下水资源量/亿 m^3	重复计算水资源量/亿 m^3	年平均水资源总量/亿 m^3	年产水模数/（万 m^3/km^3）	平均年产水系数	面积/km^2
湖西区	84.2	26.4	10.0	4.2	32.2	42.3	0.38	7 791
武澄锡虞区	35.8	9.6	5.4	2.6	12.4	35.6	0.35	7 720
阳澄淀泖区	46.3	12.5	7.5	3.7	16.3	36.3	0.35	4 314
太湖区	37.2	5.4	—	—	5.4	15.6	0.14	3 192
浙西区	83.0	39.8	11.4	11.4	39.8	67.3	0.48	5 931
杭嘉湖区	86.1	31.2	12.8	6.0	38.1	51.3	0.44	7 480
浦东区 浦西区	41.1	11.8	9.1	2.8	18.1	46.0	0.44	4 466
流域	414.0	136.7	56.2	30.7	162.2	44.7	0.38	36 895

太湖是一个可人工调节的天然湖泊，环太湖一线进出湖河道众多，据 1966—1998 年的水文巡测资料分析表明：年平均入湖水量为 42.6 亿 m^3，其中汛期入湖水量为 26.5 亿 m^3，占全年入湖水量的 62.2%；非汛期入湖水量为 16.1 亿 m^3，占全年的 37.8%。多年平均出湖水量为 55.2 亿 m^3，其中汛期出湖水量为 25.2 亿 m^3，占全年的 45.6%；非汛期出湖水量为 30.0 亿 m^3，占全年的 54.4%。

1.3.2 太湖流域水资源开发利用情况

据太湖流域水资源公报统计，太湖流域总用水量近些年来，维持在 280 亿～290 亿 m^3。1998 年太湖流域总供水量为 290.8 m^3，其中地表水为 284.3 亿 m^3，占总供水量的 97.8%。1998 年太湖流域总用水量为 288.7 亿 m^3，其中：工业用水 151.3 亿 m^3（其中火电用水量为 108.2 亿 m^3），占总用水量的 36.3%；农业用水量为 103.3 亿 m^3，占总用水量的 36.3%；生活用水量为 34.1 亿 m^3，占总用水量的 11.7%。总用水量高于当地水资源总量，缺额水量靠长江引水补给或水重复利用来解决。

1998 年太湖流域主要人均年用水量为 802 m^3；亩均年农灌用水量为 493.9 m^3；万元工业产值用水量，含火电用水约为 99.9 m^3，不含火电用水约为 28.4 m^3；城镇综合生活用水为 389.3 L/（人·d）。其中，上海市 444.8 L/（人·d），江苏省 322 L/（人·d），浙江省 340 L/（人·d）。流域内万元 GDP 用水量为 352.8 m^3，远低于全国万元 GDP 用水量 680.0 m^3。

1.3.2.1 太湖流域水环境状况

太湖流域水生态环境污染现状及发展趋势表明，随着流域经济快速发展和人口的高度集聚，造成流域污染负荷不断增加，加快了流域水环境恶化和湖泊富营养化。2007—2008 年太湖水质为劣Ⅴ类，处于中度富营养化水平，总氮尤其是氨氮超标严重；湖泊生态安全正处于明显恶化的过程，生态安全综合评价结果已处于“不安全”状态。水质污染与水生态环境恶化使太湖蓝藻暴发频繁，影响到饮用水水源，并直接影响到流域城市的安全供水。湖泊受到污染的原因主要是流域城镇化的快速发展和扩张，而环境基础设施功效不足、城镇连片，使工业和城市点源污染控制后的控源截污问题尤为突出。加上城市建设中雨污不分的排水系统，使得大量的城市生活污水直接排入城市河道中，苏州、无锡、常州等地区城市水环境污染突出；以农业面源污染和农村生活污染为主的面源污染严重，也逐渐成为太湖水污染防治的重点之一。整个流域尚未形成与太湖水环境功能区划相适应的绿色经济。

太湖流域主要污染源分类为工业源、城镇生活源、农村生活源、农田径流源、畜禽养殖源及其他源六大类。太湖流域分为五大污染控制区：北部重污染控制区、湖西重污染控制区、浙西污染控制区、南部太浦污染控制区及东部污染控制区。流域重点研究范围内 COD、氨氮、TN 及 TP 年产生量分别为：236 万 t、23 万 t、42 万 t 及 6 万 t。其中：COD 工业污染源约占 21%，城镇生活源占 29%，农村生活源占 18%，农田径流源占 6%，畜禽养殖占 26%；氨氮工业污染源占 13%，城镇生活源占 37%，农村生活源占 14%，农田径流源占 13%，畜禽养殖占 23%。

环湖河流污染状况表明，2000—2007 年出入湖水系的水质类别以Ⅳ类和劣Ⅴ类为主。2008—2009 年，水质略有好转。劣于Ⅴ类的河流占总河流 24%，且均属于太湖西北入湖河流。表明入湖河流的污染问题依然严峻。太湖出湖河流水质明显好于入湖河流，总体水质以Ⅲ类为主。

主要污染物入湖总量表明，太湖河流进出湖水量、污染物浓度、降水蒸发量、水资源利用量等监测数据进行统计和收支平衡分析，2007 年环太湖入湖总水量为 88.85 亿 m^3，出湖总水量为 85.57 亿 m^3，高锰酸盐指数、氨氮、总氮和总磷的年入湖总量分别达到 6.73 万 t、2.46 万 t、4.40 万 t 和 0.21 万 t。

1998 年太湖流域废污水排放总量（扣除火电）为 38.5 亿 t，其中：工业废水为 21.0 亿 t，占废水污水排放总量的 54.7%；城市生活污水排放量为 17.5 亿 t，占废污水排放总量的 45.3%。流域内各省（市）的排污情况，即：江苏省废污水排放量为 10.0 亿 t，占流域废污水排放总量的 26%；浙江省废水排放量为 8.1 亿 t，占流域排污总量的 21%；上海市废污水排放量为 20.4 亿 t，占流域废污水排放总量的 53%。分区废污水排放情况，详见表 1-8。

表 1-8 太湖流域 1998 年废污水排放总量统计

省 市	废污水排放量/亿 t	比例/%
江 苏 省	10	26
浙 江 省	8.1	21
上 海 市	20.4	53
太湖流域	38.5	100

1.3.2.2 太湖流域河网水质状况

太湖流域评价河全年期各类水质所占河长及其占评价总河长的比例分别为Ⅱ类水质 20 km 和 1.7%；Ⅲ类水质 314.3 km 和 26.0%；Ⅳ类水质 222 km 和 18.4%；Ⅴ类水质为 469 km 和 38.8%；劣Ⅴ类水

质为 182.9 km 和 15.1%，详见表 1-9。

表 1-9　太湖流域水质综合评价

评价期	河长度/km	Ⅱ类		Ⅲ类		Ⅳ类		Ⅴ类		劣Ⅴ类	
		河长/km	比例/%	河长/km	比例/%	河长/km	比例/%	河长/km	比例/%	河长/km	比例/%
汛期	1 208	—	—	223.0	18.5	246.9	20.4	438.9	36.3	299.4	24.8
非汛期	1 208	20.0	1.6	262.1	21.7	355.3	29.4	435.8	36.1	135.0	11.2
全年	1 208	20.0	1.7	314.3	26.0	222.0	18.4	469.0	38.8	182.9	15.1

1.3.2.3　太湖流域水资源分区水质状况

全流域水质监测与评价结果表明：300 个检测点有 84%的监测点受到不同程度的污染，其中：劣Ⅴ类水质的监测点占流域监测点总数的 50.0%；Ⅴ类水质的监测点占流域监测点总数的 9.0%；Ⅳ类水质的监测点占流域监测点总数的 25.0%，详见表 1-10。

表 1-10　太湖流域水资源分区水质污染比例　　单位：%

水资源分区	Ⅰ类	Ⅱ类	Ⅲ类	Ⅳ类	Ⅴ类	劣Ⅴ类	污染比例劣于Ⅲ类之和
湖 西 区		4.0	8.0	13.0	10.0	65.0	88.0
武澄锡虞区						100.0	100.0
阳澄淀泖区			10.8	32.2	10.8	46.1	89.2
杭嘉湖区		9.6	9.6	41.4	9.6	30.1	81.1
浙 西 区	4.3	26.1	4.3	48.0	13.0	4.3	65.3
浦东浦西				25.0	13.6	61.4	100.0
流　　域	0.3	6.0	9.7	25.0	9.0	50.0	84.0

从表 1-10 可以看出，武澄锡虞区全部为劣Ⅴ类水质，水污染最为严重；浦东区和浦西区劣Ⅴ类水质的水体占 61.4%，水污染也很严重；湖西区劣Ⅴ类水质的水体占 65%，居各水资源分区劣Ⅴ类比例的第二位。水质较好的水资源分区是浙西区，以Ⅳ类水质为主，占 48.0%。各水资源分区的主要污染项目是高锰盐酸指数和氨氮。

从 2009 年 1—12 月，由江苏省流入上海的水质主要由劣于Ⅴ类和Ⅴ类构成。上海的水生态因此受到严重的污染。上海市环境监测部门的调查已表明，作为长三角地区最大的城市上海市内基本上没有一条干净的河流，水源水质体现为有机污染的特征，已远远不能满足国家对饮用水水源安全的基本要求和标准，危及居民日常的饮水活动和安全。与中国北方地区正在饱受的缺水属资源性缺水不同，上海是缺好水。上海的水质既受上游水污染的影响，又受本地污染源的危害，是典型的水质型缺水城市。2009 年 1—12 月苏沪边界水质变化情况见表 1-11。

表 1-11 苏沪边界水质变化（2009 年 1—12 月）

监测断面	水质类别											
	1 月	2 月	3 月	4 月	5 月	6 月	7 月	8 月	9 月	10 月	11 月	12 月
金泽断面	劣Ⅴ	劣Ⅴ	劣Ⅴ	Ⅴ	Ⅳ	Ⅴ	Ⅲ	Ⅳ	Ⅲ	Ⅳ	Ⅳ	Ⅳ
港珠砂港	Ⅳ	Ⅳ	Ⅳ	Ⅳ	Ⅲ	Ⅳ	Ⅳ	Ⅱ	Ⅳ	Ⅲ	Ⅲ	Ⅲ
娄陆大桥	Ⅴ	劣Ⅴ	劣Ⅴ	Ⅴ	Ⅴ	Ⅴ	Ⅴ	Ⅴ	劣Ⅴ	Ⅴ	Ⅳ	Ⅴ
千灯浦闸	劣Ⅴ	劣Ⅴ	劣Ⅴ	Ⅴ	Ⅴ	劣Ⅴ	Ⅴ	Ⅴ	Ⅳ	Ⅲ	Ⅴ	Ⅴ
周庄大桥	劣Ⅴ	劣Ⅴ	劣Ⅴ	Ⅴ	Ⅴ	Ⅴ	劣Ⅴ	Ⅴ	Ⅳ	Ⅲ	Ⅴ	Ⅴ
河汾大桥	Ⅴ	Ⅳ	Ⅴ	劣Ⅴ	Ⅴ	Ⅳ	Ⅴ	Ⅴ	劣Ⅴ	劣Ⅴ	Ⅴ	劣Ⅴ
浦发大桥	Ⅴ	劣Ⅴ	劣Ⅴ	劣Ⅴ	Ⅴ	劣Ⅴ	Ⅴ	Ⅴ	劣Ⅴ	劣Ⅴ	劣Ⅴ	Ⅴ

资料来源：太湖流域东南诸河省界水体水资源质量状况通报。

1.3.2.4 太湖流域湖泊水库水质状况

太湖汛期：Ⅲ类水质水域占 14.3%；Ⅳ类占 71.4%；劣于Ⅴ类占 14.3%。

太湖非汛期：水质均为Ⅳ类。

太湖全年期：Ⅳ类水质水域占 85.7%；劣于Ⅴ类水质水域为 14.3%。

主要污染项目为：总磷、总氮、高锰盐酸指数和生化需氧量。

太湖流域内七大水库的水质均较好，除青山水库、横山水库为

Ⅱ～Ⅲ类水质标准外，大溪、沙河、赋石和对河口等水库的水质均达Ⅱ类水质标准。

1.3.3 太湖流域水资源水环境综合评价

太湖流域水资源不足，加之严重污染，致使其成为水质型缺水地区。太湖流域水资源数量不少，但许多河湖受到严重污染后，造成可利用的淡水资源锐减，不但影响到工农业生产，也使城镇饮用水安全得不到保障。如无锡市梅梁湖因富营养化影响，时有蓝藻暴发。嘉兴已难觅到符合地表水水质要求的饮用水源。上海市黄浦江上游水源地也受到严重影响。地表水污染严重的地区，受地表水直接补给的浅层地下水也全部污染了，失去了开发利用的价值。

流域水生态系统退化，导致生物多样性和生态稳定性下降，自净能力减弱，景观资源受损，湖泊水生植被破坏。水污染造成流域性水纠纷和水势矛盾多发，协调和解决的难度极大。解决污染，保护水源是解决太湖流域水问题的关键。

1.4 长三角地区的环境质量状况

1.4.1 2009年江苏省环境状况

（1）地表水环境

2009年江苏省环境状况公报显示，江苏省125个国控断面中，Ⅰ～Ⅲ类水质比例为32.5%，比2008年提高了0.8个百分点；劣Ⅴ类水质比例为28.5%，较2008年下降了1.6个百分点，达到《江苏省“十一五”环境保护和生态建设规划》小于36%的目标要求。全省地表水国控断面高锰酸盐指数（COD_{Mn}）年平均浓度为4.9 mg/L，较2008年下降了2.0%，较2005年下降了12.5%，长江、太湖和淮河流域均有所下降，也未出现重金属年平均浓度超标的断面。2005年以来，江苏省长江、淮河流域国控断面好于Ⅲ类水质比例呈上升趋势；地表水国控断面劣Ⅴ类比例呈下降趋势。2005年以来，全省地表水国控断面高锰酸盐指数年平均浓度呈下降趋势。2005 年以来，全省地表水国控断面氨氮超标（以Ⅲ类为标准）断面比例呈下降趋势。

（2）废水和主要污染物排放量

江苏省废水排放量 52.36 亿 t，其中工业废水排放量 25.60 亿 t，占 48.89%；生活废水排放量 26.76 亿 t，占 51.11%。废水中化学需氧量排放总量为 82.17 万 t，其中工业废水中化学需氧量排放量为 23.13 万 t，占 28.15%；生活污水中化学需氧量排放量为 59.04 万 t，占 71.85%。氨氮排放总量为 6.48 万 t，其中工业废水中氨氮排放量为 1.35 万 t，占 20.83%；生活污水中氨氮排放量为 5.12 万 t，占 79.17%。与 2008 年相比，江苏省化学需氧量排放总量减少 2.98 万 t，氨氮排放总量减少 0.50 万 t。

（3）城市饮用水源

13 个省辖市市区 22 个主要供水厂取水总量为 186 939 万 t，其中南京、常州、南通、扬州、镇江和泰州等市饮用水主要取自长江，取水总量合计 121 707 万 t，占取水总量的 65.1%。太湖、京杭大运河（苏北段）等也是重要饮用水源。

南京、徐州、常州、苏州、南通、连云港、淮安、扬州、镇江、泰州、宿迁 11 市饮用水源地水质均达标，无锡和盐城饮用水源地受溶解氧、铁、锰、pH 值影响，达标率低于 100%。

（4）重点湖库水质

太湖湖体 21 个测点中无Ⅰ～Ⅲ类水质，劣Ⅴ类占 66.6%，水体为重度污染，全湖处于轻度富营养状态。洪泽湖湖体 10 个测点，水质均劣于Ⅴ类，水体为重度污染；全湖处于轻度富营养状态。

2005 年以来，太湖高锰酸盐指数、总磷和总氮浓度均有不同程度下降，综合营养状态指数也有所下降；洪泽湖高锰酸盐指数、总磷和总氮浓度均有不同程度上升，综合营养状态指数也有所上升。

1.4.2 2009 年浙江省环境状况

2009 年浙江省环境状况公报显示，上年浙江省内江河干流水质总体基本良好，大部分城市的主要饮用水源地水质良好。

据环保部门对八大水系、运河和湖库的 171 个省控断面水质监测结果统计，74.9%的监测断面水质达到或优于地表水环境质量III类标准。

八大水系和运河按满足功能断面数百分比由大到小顺序排列依次为：飞云江、瓯江、苕溪、甬江、曹娥江、椒江、钱塘江、鳌江、运河。

为保持水质良好，浙江下了不少工夫。2009 年，全省累计建成城镇污水处理厂 199 座，污水管网总长 16 718 km，污水处理总能力达到 781 万 t/d，年处理污水总量 22.22 亿 t。

监测数据显示，pH、化学需氧量、悬浮物、生化需氧量、色度、石油类、氨氮、总磷八项指标排放达标率为 85.9%，比上年提高了 17.8 个百分点。

浙江特别注重饮用水源保护。截至 2009 年底，全省累计创建合格、规范饮用水源保护区 493 个；11 个设区城市 26 个主要集中式饮用水源地水质达标率达 84.7%；县级以上集中式饮用水源地水质达标率达 83.2%。

1.4.3 2009 年上海市环境状况

2009 年上海市水环境质量总体保持稳定。黄浦江总体水质状况略有改善，苏州河总体水质状况轻微改善，长江口总体水质状况较 2008 年有所好转。

（1）黄浦江

根据上海市水环境功能区划和相应的水质控制标准，黄浦江淀峰和松浦大桥两个断面水质控制标准为II类水，临江断面水质控制标准为III类水，南市水厂、杨浦大桥和吴淞口三个断面水质控制标准为IV类水。

与 2008 年相比，2009 年黄浦江淀峰、松浦大桥、临江、南市水厂、杨浦大桥和吴淞口断面水质综合污染指数（计算方法附后）分别下降 8.3%、5.3%、11.1%、15.3%、5.5%和 4.1%。黄浦江总体水质状况略有改善。

近五年（2005—2009 年）的监测数据表明，2005—2008 年黄浦江总体水质状况基本保持稳定，2009 年黄浦江总体水质状况有所好转。

（2）苏州河

根据上海市水环境功能区划和相应的水质控制标准，苏州河白鹤断面水质控制标准为Ⅳ类水，黄渡、华漕、北新泾桥、武宁路桥和浙江路桥 5 个断面水质控制标准为Ⅴ类水。

与 2008 年相比，2009 年苏州河白鹤、黄渡、华漕、北新泾桥、武宁路桥和浙江路桥断面水质综合污染指数分别下降 17.6%、20.7%、19.3%、12.5%、9.0%和 6.4%。苏州河总体水质状况轻微改善。

近五年（2005—2009 年）的监测数据表明，苏州河总体水质状况有所好转。

（3）水环境重点整治河道

2009 年，全市水环境重点整治河道监测涉及宝山、闵行、浦东、嘉定、金山、松江、奉贤、青浦 8 个区的 27 条考核河道计 27 个断面，水质综合污染指数（选择溶解氧、高锰酸盐指数、五日生化需氧量、氨氮、总磷）5 项主要污染物，在 1.13～3.88。其中，中心城区重点整治河道水质综合污染指数在 1.33～3.15，郊区重点整治河道水质综合污染指数在 1.13～3.88。郊区重点整治河道总体水质与中心城区基本持平。

2009 年 8 个区的水质综合污染指数在 1.30～3.05，其中，青浦区最高，奉贤区最低。8 个区中，奉贤区所有监测断面的水质均达到相应的水环境功能区要求，达标率为 100%；闵行区和浦东新区部分监测断面的水质达到相应的水环境功能区要求；其余 5 个区所有监测断面水质均未达到相应水环境功能区要求。

（4）水环境质量考核断面

2009 年全市水环境质量考核涉及徐汇、长宁、普陀、闸北、虹口、杨浦、宝山、闵行、浦东、嘉定、金山、松江、奉贤、青浦、崇明 15 个区县的 41 条河道计 58 个断面，水质综合污染指数在 0.57～4.45。其中，中心城区考核断面水质综合污染指数在 1.08～4.45，郊区考核断面水质综合污染指数在 0.57～3.47。郊区河道总体水质优于中心城区。

2009 年 15 个区县的水质综合污染指数在 0.63～3.59，其中，普陀区最高，崇明县最低。15 个区县中，虹口区、奉贤区和崇明县所有考核断面的水质均达到相应的水环境功能区要求，达标率为 100%；杨浦区、浦东新区、金山区和松江区部分断面达到相应的水环境功能区要求；其余 8 个区所有考核断面的水质均未达到相应的水环境功能区要求。

1.4.4 长三角主要城市已成为水质型缺水城市

2009 年 11 月在上海召开的“南方城市节水型社会建设研讨会”已表明，目前长三角地区的 16 个城市都已经成为“水质型缺水城市”。一些专家学者在会上忧虑地表示，再不大力节水和加强跨界水污染防治，江南水乡将无水可用。

据介绍，一场节水运动目前正在长三角 16 个城市次第推开，上海正式启动节水型社会建设工作，通过两年努力，上海万元 GDP 取（用）水量下降至 87 m^3，万元工业增加值用水量下降至 138 m^3，工业用水重复利用率提高至 81.8%，人均生活日用水量增加至 136 L・人/d，取得了较好的节水成效；杭州对月用水万吨以上的 212 家单位发出“限水令”；扬州启动了针对火电、化工、造纸等八大高耗水行业的节水运动；绍兴、宁波、南京等城市也紧随其后。

1.4.5 长三角区域一体化的水环境压力分析

1.4.5.1 区域社会经济发展与污染物排放控制的矛盾

长三角社会经济发展水平走在全国前面，但是区域内仍然存在产业结构同构、产业分布不合理、经济增长方式较粗放等问题。不少地方经济发展继续沿袭大量消耗资源和粗放经营为特征的传统模式，致使资源消耗过高，通常单位 GDP 的资源消耗比发达国家高 3～10 倍，从而直接导致近年来区域内环境污染物排放呈上升趋势，区域环境质量形势不容乐观。境内的京杭运河、长江、太湖、阳澄湖、淀山湖以及城市地表水、近海水域等均出现了水源污染、水质恶化的局面。其中太湖污染最为突出，太湖流域水资源量仅占全国的 0.38%，但各种污水排放量占全国的 10%。每年排入的工业污水约 10×10^8 t，生活污水约 8×10^8 t，总磷、总氮浓度年均值分别达到富营养化发生浓度的 25.8 倍和 6.65 倍。2007 年夏，太湖蓝藻事件正是污染导致水体富营养化暴发的集中体现。

同时，由于区域产业经济持续扩大发展的需求，工业和生活向环境排放污染物的种类和数量将继续增加。因此，未来长三角地区污染物排放形势仍然很严峻。主要表现为：①长三角地区电力、化工、钢铁等行业集中分布并将继续发展，与污染物排放总量控制的矛盾；②机动车总量不断增加与氮氧化物等大气污染排放日益增多的矛盾；③长三角地区城市化不断加速发展，城市建设力度加大与生活污水及生活垃圾污染控制的矛盾；④工业不断向农村转移与农村环境基础设施滞后于城市化进程的矛盾；⑤社会消费转型与新技术、新产品开发过程中产生电子废弃物、有毒有害建筑装饰材料等各类新的污染物，与这些污染物的处理处置技术及管理落后的矛盾。

1.4.5.2 区域水资源利用与水环境保护的矛盾

长三角近年来区域水资源相对匮乏、用水需求日益扩大与水环境污染物排放长期超过环境容量、环境质量日益恶化的矛盾日益尖锐。

由于外来水难以利用、用水结构的不合理、水资源利用率不高等原因，造成长三角水资源利用的相对缺乏。尽管长三角区域水资源总量是全国平均水平的 1.7 倍，但绝大部分为外来过境水。因时间空间分布不均，人均地表水资源量却不到全国水平的 1/3。而过境水利用需要建抽水站、闸阀等工程措施，加大了水资源利用难度。同时长三角普遍存在水资源用水结构不合理、水资源利用率低下的问题。长三角工业用水比重大，但是工业重复用水率却比较低。统计显示，2004 年长江三角洲地区 16 地市的工业用水总量占全国的 14.71%，但是工业重复用水率仅为 53.34%，小于全国 74.2%的平均水平。这主要是因为长三角地区用水结构中电力工业用水量比例相当高。如上海达到 58%，而电厂的取水主要用于直流冷却，重复利用率低，从而造成水资源利用效率低下。此外，与发达国家相比，目前长三角区域民用水利用率也有待提高。长三角地区民用水一般经初次使用后就直接排放，基本上没有任何回用的措施。绿化灌溉、道路保洁、车辆清洗等一般均直接采用自来水，而在发达国家一般都采用中水回用。同时，随着人口与生产规模的扩大，今后长三角地区的用水需求仍将不断放大。预计到 2020 年，将增加 40%以上。

1.5 长三角区域一体化建设的基础理论

在加快推进长三角区域一体化建设中关于一体化建设的基础理论研究尤为重要。该领域的研究工作突出了长三角跨界水污染研究、长三角的水质安全、长三角的法律问题等重点方面。这些研究工作按照科学发展观的要求，对突破区域内地区发展"瓶颈"、充分发挥区域整体资源优势、促进长三角地区的经济发展起了一定作用，并具有很好的借鉴作用。

1.5.1 长三角区域经济一体化的基础

1.5.1.1 长三角一体化基础

长三角区域发展已带动了我国东部地区和长江流域的发展，辐射了我国中西部地区和东北老工业基地，为全国改革开放和现代化建设作出了重要的贡献。长三角城市圈是世界上六大城市圈之一，我国三大城市圈之首，在未来 15 年内，可能发展成为全球最大的城市圈。长三角地区有着良好的经济基础、制度基础、市场基础、文化基础、交通基础设施等协作基础，这奠定了长三角经济一体化。

这些基础是：

（1）经济基础。江苏省正进行产业升级和城市化发展的集体经济，浙江省分工明确、协作紧密、产业或行业簇群化的民营经济，上海市产业结构、所有制齐整，是建立现代企业制度、引进资金和技术、城市功能改造后的国有经济，不同的经济组织形式为发挥各地优势、进行协作奠定了基础。

（2）制度基础。在长三角地区“长江三角洲城市经济协调会”等协调机构已经建立，三地经济发展协调机制已经运行，区域经济一体化的制度框架正在探索和形成中。

（3）市场基础。两省一市市场经济发达，配套社会体系较为相近、完善，并已共同发布长三角工商一号和二号文件，营造统一的市场准入环境、执法环境和法治环境，打破行政界限，建立统一大市场的开放格局。

（4）文化基础。长江三角洲地区拥有共同的文化历史，经过吴越文化、六朝文化、隋唐文化、海派文化等文化的熏陶，成为中国现代经济、文化荟萃之地，具有鲜明的区域特色，成为区域经济发展与一体化的内在动力。

（5）交通基础。沿海、沿江区域内高速公路和沿江、沿海通道已形成网络，真正将长江三角洲两翼融为一体。杭州湾跨海大桥、苏通大桥等建设完成，上海、宁波、南通等深水组合港群协调发展，以及沪宁铁路、沪杭铁路、沪宁高速、沪杭高速铁路，从交通上把上海、江苏和浙江紧紧连接在一起。

1.5.1.2 中央高度重视长三角区域的发展

邓小平同志 1991 年视察上海时说，开发浦东就是利用上海这个基地发展长江三角洲和长江流域的问题。江泽民同志在党的十四大报告中指出，以上海浦东开发开放为龙头，带动长江三角洲和整个长江流域地区经济的新飞跃。胡锦涛总书记在十七大报告中再次强调“科学发展观基本要求是全面协调可持续，根本方法是统筹兼顾”。长三角经济一体化的过程中，发挥区域优势，率先发展、科学发展，不断增强综合实力、创新能力、可持续发展能力和国际竞争力，体现了科学发展观的思想，实现了统筹区域发展的目标。温家宝总理强调，“推进长江三角洲地区实现率先发展具有全局性意义，有利于增强国家经济实力和综合国力，更好地支持中西部地区，促进全国区域共同发展；有利于发挥长三角地区经济增长极和发动机的作用，带动长江流域和沿海地区的发展；有利于提升我国经济国际竞争力和抗风险能力。”长三角经济一体化深刻体现了科学发展观所要求的实现经济的全面、协调、可持续发展的要求。

1.5.1.3 长三角区域经济一体化具有重要意义

（1）长三角区域经济一体化是该地区全面发展的需要。20 世纪下半叶以来，在经济全球化加快发展的背景下，在欧洲、北美和东南亚，根据各国经济发展水平的差异，制定了相应的政策，促进优势互补、共同发展，最终形成了欧盟、北美自由贸易区和东南亚联盟三大经济一体化的组织，较好地提升了整个地区经济的综合竞争力。长三角可以充分借鉴这三大组织成员的经验，以区域经济一体化为契机实现后发制人的赶超式发展和经济的腾飞，从而促进长三角在经济、社会、文化的全面发展。

（2）长三角区域经济一体化是该地区协调发展的需要。深入贯彻党的十七大提出的关于推动区域协调发展、优化国土开发格局的重要精神，当前和今后一个时期围绕地区经济工作的主线应是运用多种方式缩小地区差距、均衡基本公共服务，科学地把握区域协调发展的 4 项基本内涵，即地区间人均生产总值差距保持在适度的范围内；各地区人民都能享受均等化的基本公共服务；各地区比较优势能够得到合理有效的发挥；各地区人与自然的关系处于协调和谐状态。尽管长三角经济走在全国前列，但在整个区域内部，各城市的发展参差不齐、进度不一、水平各异，不同城市的人均 GDP 存在差距，城市间基本公共服务的非均等化，各城市比较优势尚未有效整合和发挥等，因而长三角还需要进一步协调区域内各城市和节点的发展，充分挖掘潜力，加速整合区域内的各种资源，使各城市良性互动，不断提高长三角经济一体化的质量。

（3）长三角区域经济一体化是该地区可持续发展的需要。经济高速发展给环境和资源消耗带来了巨大压力，区域资源开发利用强度大，环境污染严重，而且污染源已呈面状扩散，产生了区域性的影响，行政区边界往往是污染最严重的地区。其中太湖就是一个典型。这些由经济带来的外部负效应，已经开始妨碍长三角的可持续发展。可持续发展要求从长三角区域整体角度出发，要求加强各城市之间的合作，妥善处理发展与环境的关系，避免资源和环境问题的转嫁，从实现资源的集约利用，不断推动产业升级和转换，形成各区域共繁荣和可持续发展的局面。

1.5.2 长三角区域资源环境安全

研究已表明，长三角地区经济社会发展与资源环境之间的矛盾突出，资源环境安全形势严峻，已成为该区域科学发展、可持续发展的重大制约因素。确立区域环境资源安全战略，加强区域合作，改善区域生态环境，提高自然资源利用率，增强资源环境安全能力，基本实现人口、资源、环境与经济社会发展相适应，对于长三角区域又好又快发展具有重大战略意义。

1.5.2.1 长三角资源环境安全问题

长三角的资源和环境为区域发展发挥了基础作用和支撑作用，但近年来，伴随着经济快速增长的是资源的迅速消耗和环境的加剧污染。在长三角的不少地方，良好的资源生态环境已成了十分短缺的生产要素，资源环境对经济社会的约束日益突出，资源环境的安全问题面临严峻的挑战。

（1）长三角水资源短缺，水环境安全问题突出。长三角水资源的人均占有水平低于全国，人均水量上海只有全国的 1/11，江苏和浙江也大约只有全国的 1/6、1/2，且时空分布不均，水资源有效供给存在困难。流域水环境污染十分严重。“十五”期间废污水排放量总体呈逐年增加趋势，工业废水排放量占全国的 20%以上，超过 80%

的污水直接排入江河水库。水的跨界污染问题非常突出，京杭运河长三角地区段、太湖、长江下游段、钱塘江段等水资源都受到不同程度的污染。其中，太湖流域 80%以上的河道水质为四类、五类，2005 年以来夏季出现严重蓝藻水华的面积覆盖整个太湖，由于蓝藻暴发，2007 年初夏无锡市经历了一场严重的公共饮水危机。由于水体污染，城乡居民饮用水安全受到威胁，水质型缺水问题已成为“鱼米之乡”长三角地区比较普遍的现象。

（2）长三角大气污染加重，空气环境质量堪忧。长三角以煤为主的能源消费增长和大量机动车尾气排放，造成了该区域近年来大气环境污染呈上升趋势，大城市和中等发达城市的空气污染正由煤烟型逐步向煤烟与机动车尾气混合型污染转变。2003 年长三角空气中总悬浮颗粒物的值比世界卫生组织推荐标准高 5 倍，二氧化硫浓度为世界卫生组织推荐标准的 6 倍。长三角 16 个城市中有 14 个属于酸雨控制区，江苏南部、上海和整个浙江都是酸雨的重污染区，几乎整个长三角都处于酸雨的威胁中。

（3）长三角自然灾害时有发生，生态环境恶化。地质安全存在隐患。据 2005 年的一项研究成果显示，由于地下水资源的大量开发利用，长三角地区地面沉降现象严重，沉降区内累计沉降已超 200 mm，面积近 1 万 km^2。苏锡常地区因不均匀沉降，已发生 22 处地裂缝地质灾害。地面沉降给长三角造成的经济损失共计为 3 150 亿元。

（4）长三角耕地资源锐减，土壤环境安全隐患多。快速的工业化、城市化进程，导致耕地资源被大规模非农用占用。长三角历来人多地少，耕地后备资源严重不足。耕地锐减，加剧了粮食供需矛盾，对当地生态系统也造成了相当大的破坏。土壤污染日趋严重。长三角地区的土壤受重金属、有机物等污染，由原来点状的、局部的发展成面上的、区域性的污染。一些地区已不宜种植蔬菜、果品和粮食。中科院南京土壤研究所测试了苏南的土壤，发现有 16 种多环芳烃类物质、100 多种多氯联苯，以及 10 余种其他毒性更强的持久性有机污染物。

1.5.2.2 长三角资源环境安全影响的基本因素

目前，长三角的生态环境局部已有所改善，但因该区域生态环境依然脆弱，先天条件不足，加之长期以来的损害和破坏，污染治理仍然落后，长三角城乡环境污染态势呈复合加剧、污染的区域集聚与扩散加剧，环境污染总体加重，环境安全形势仍然严峻。

未来影响长三角环境资源安全有三个基本因素：一是人口增长。据预测，长三角的总人口 2020 年将达 1.12 亿，2040 年将达 1.25 亿，占全国的比重由 6.9%升至 8.3%。二是经济发展。2006 年，长三角地区人均 GDP 已突破 5 000 美元，总体上正向基本实现现代化迈进。“十一五”期间，长三角经济增长速度将保持在 12%以上。三是资源消费水平。与发达国家相比，苏、浙两省的单位 GDP 能源消耗大约是日本的 6 倍、美国的 2.2 倍、韩国的 1.8 倍。上海能耗在全国属较低水平，但单位产值能耗是世界平均水平的 3 倍，与一些发达国家也有相当大的差距。10 多年来，长三角能源消耗总量翻了一番。人口持续增长和经济快速发展，将带来资源消费总量随着人口规模扩大和生活水平提高而扩张，污染物排放总量随着 GDP 的增长而增加，必然加剧水、土、电等资源供需矛盾，加大对环境污染治理的难度，使生态环境容量更受挤压，资源环境制约更为严重。如果沿袭现有经济增长模式，不改变现有资源使用结构和水平，不能有效控制并改善环境状况，长三角资源环境功能将难以为继，资源环境安全面临威胁。

1.5.2.3 促进长三角资源环境安全的主要对策

保障和促进长三角区域资源环境安全，必须遵循经济社会发展和生态环境变化的规律，坚持以人为本，认真落实科学发展观，大力调整优化产业结构，切实转变经济增长方式，全面推进科技创新和体制创新，建设环境友好型、资源节约型社会，努力推进经济社会发展与资源环境相协调、人与自然相和谐。重点保障水、土、大气、能源等领域的安全，守土有责，加强协作，采取综合性的措施，统筹各方面的环节，共同促进长三角区域资源环境可持续发展。

加强区域资源环境安全合作，建立环境安全预警和应急机制。长三角的生态链是相连的，上下游以及周边地区之间生态环境的依存度相当高。随着区域经济一体化发展，环境问题的空间、流域整体性和复杂性特征将进一步加强，建立流域环境合作机制是保障区域环境安全的必然途径。近年来，长三角地区在探索建立“环保联盟”。2006 年，三地政府主管部门倡议区域环境合作，进行跨行政边界治理；“第六次沪苏浙经济合作与发展座谈会”是打造统一的区域能源交易市场，健全长三角能源保障机制。进一步促进长三角区域环境合作，应本着“信息共享、监测合作、严防灾害、利益平衡”的基本方针，建立环境质量监测监控网络，建立环境安全预警和应急机制，预防重大环境灾害发生，共同抗击资源供应和环境安全方面的风险。加强环境监督管理的区域联合与协作，以治理水域污染及二氧化硫排放为突破口，加大污染防治与生物修复力度，强化环境保护的约束性指标，着力解决好水的跨界污染和酸雨等问题，使地区环境得到切实改善。

大力发展循环经济，构建保障资源环境安全的经济运行体系。长三角产业同构现象比较突出，一定程度上存在着资源浪费。要以新型工业化为目标，发展循环经济为抓手，加快经济增长方式转变和经济结构调整，逐步形成“经济发展高增长、资源消耗低增长、环境污染负增长”的新型发展模式。设立产业限制目录，坚决淘汰、关闭浪费资源、污染环境的落后工艺、设备和企业，用清洁生产技术改造能耗高、污染重的传统产业，发展节能、降耗、减排的新兴产业。大力发展生态农业，积极生产无公害、绿色食品和有机食品。优化工业结构，发展绿色制造业。构建资源共享平台，发展循环型服务业。

充分利用市场机制，建立多元化环保资金保障体系。根据发达国家的经验，一个国家在经济高速发展的时期，环保投入要占到国内生产总值的 1%～1.5%才能有效控制住环境污染，超过 3%才能使环境质量明显改善。多年来，长三角地区的环境治理投入不高，与经济发展水平和环保要求不适应。要加大资金投入，除了保证各级财政逐步增加投入外，应积极探索和利用市场机制，进一步拓宽投资渠道，调动各方面的投入积极性。继续发挥财政投资的引导作用，加大对生态建设与保护、农村面源污染防治、农村环境保护、区域环境治理、环境管理能力建设等领域的投入力度。推进污染治理市场化，鼓励社会资本参与污水、垃圾处理等基础设施的建设和运营，探索建立污水排放、二氧化硫、工业 COD 等排污权交易制度，提高环境资源经营市场化水平。

加快科技创新，构建区域资源环境安全科技支持体系。充分利用长三角科技比较发达、环境技术力量雄厚的综合优势，加快环境科学技术创新步伐，为环境资源安全战略的实现提供有力的技术支撑。大力推进人口、资源、环境领域的科技创新，优先确保关系人民群众生命健康和生活环境改善的重点领域，组织实施社会发展科技示范工程。大力推动环境科技进步，优先发展重大环保科研项目，加快高新技术在环保领域的应用。大力推进环保产业发展，构筑面向市场的环保技术推广转让的服务体系，以现有环保产业和环保工业园为基础，大力发展环保制造业。加强环境资源安全管理能力建设，尽快建立和完善重点流域、生态环境、酸雨、城市空气、海洋等环境监测系统，推进“数字环保”步伐，全面提升区域环境安全监测和控制水平。

1.5.3 长三角跨界水污染防治难度分析

由于跨界水污染最起码涉及两个以上的区域，因此单靠一个区域的力量是难以治理成功的。受粗放型经济增长模式的影响和长期以来民众保护水资源的意识淡薄，造成长三角地区水环境“不堪重负”，特别是跨界水污染的治理，由于危害严重、涉及范围广、治理难度大等因素，已成为长三角区域一体化建设中的重大阻碍。

1.5.3.1 跨界水污染是长三角环境治理的难题

长三角地区主要覆盖太湖流域和长江流域下游，是典型的平原河网地区，尤其是省际水域边界的划分十分复杂。长三角流域基于独特的自然地理条件、工业发展模式、城市化进程等因素的影响，给跨界水污染的治理带来了独特的难题。

自然地理条件的影响。长三角地区河流湖泊呈网状分布，地理条件十分复杂。以太湖流域为例，该地区由于受长江口及杭州湾泥沙淤积的影响，形成沿江及沿海高地，整个地形呈浅碟形，防洪抗洪压力大。这样的自然地理和气候条件，一方面不利于阻止水污染的扩散；另一方面在每年的 6、7、8 月洪水期间，由于水资源的流动性和扩散性，洪水和污水经常一同被排放。

工业发展模式的影响。长三角地区作为我国目前经济发展最具有潜力和最活跃的地区，工业化进程十分迅速，快速发展工业的同时也增加了环境的负担。各地方的企业为促进自身利益发展最大化地利用水资源，忽视了对水资源的保护。而长三角地区的工业经济发展十分活跃，产业结构的趋同性也很强，如苏南和浙北地区的乡镇企业、个私企业数量多，范围广，排污量大，很大程度上还是地方政府税收的主要来源，地方环保部门难以做到有效的监管。很多企业为了本单位的发展利益，根本不顾流域水污染，尽管有的已建了污水处理设施，但不少企业把它作为一种摆设，根本不去发挥作用。

城市化进程的影响。长三角地区人口众多，城镇分布密集，随着经济的快速发展，该地区城市化进程也明显加快。长三角城市群作为世界第六大城市群，在城镇建设和城市化发展过程中的人口和物资的聚集、工业经济的高速发展，使得城市和城镇分别成为不同程度的水污染中心。

行政管理的影响。长三角地区常会出现流域中下游的治理主体需要为上游的污染排放“买单”的情况，这直接打击了治理主体的积极性，导致跨界水污染治理的失败。跨界水污染的治理存在条块管理、行政分割的问题，简单地说就是“行政区行政”的封闭性与水资源本身的流动性存在矛盾。

1.5.3.2 造成长三角环境治理难题的分析

长三角环境治理难题具体表现为以下三个方面：

（1）缺乏一个统一而又有权威管理部门。长三角地区跨界水污染治理体制特征可以概括为："多龙治水、多龙管水"。在跨界水污染治理过程中采用一种多部门参与、多层次管理的体制。表现为国家在地方设有派出机构，流域内各地方政府多头管理，各政府部门按照政府赋予的职能进行分工协作，实行科学化的流域治理模式。如在太湖流域管理中，作为管理机构的太湖流域管理局作为水利部派出机构，实行水利部和国家环保部双重领导，它的主要职能是负责太湖流域内水资源的功能规划和调度，职能比较单一，无法涵盖太湖流域污水治理的各个方面，权威性不强，难以对各地方政府特别是省级政府起到约束和监督。导致的结果就是地方政府出于私利，在治理水污染问题上，只考虑本地区利益，"各自为政"的"行政区行政"情况屡见不鲜。另一方面，由于没有统一权威的领导机构，跨界水污染的治理缺乏长足性，各项政策也难以得到有效执行。

（2）缺少进行政府间协调的组织载体。长三角地区跨界水污染治理不仅需要权威管理部门的领导以及完善的法律制度作为合作的平台，而且也少不了进行相互协调与合作的相关组织。长三角地区跨界水污染治理工程系统而复杂，单靠地方部门领导人的推动是远远不够的，需要一个或多个能够进行政府间沟通信息、协调利益的组织，进行具体事物的处理和长远治理方案的规划。而目前无论是官方、半官方，还是社会民间，还没有这样的一个组织。

（3）缺少地方政府间区域合作的法律和制度平台。我国政府已经颁布了多项针对水污染治理和水环境保护的法律法规，包括有《水污染防治法》、《重大水污染事件报告暂行办法》、《淮河和太湖流域排放重点水污染物许可证管理办法》等。但是，在跨界流域的综合治理环境保护方面，缺乏相应的制度安排，关于跨界流域的利用和综合保护、排污标准的确定、如何实现属地管理等问题都缺乏相应的法律规定。针对地方政府跨界合作的内容也缺乏相关法律法规的支持。特别是在治理责任划分、污染责任的追究、水污染治理合作的方式手段等方面，存在着不确定性，甚至可以说是“无法可依”的地步。长三角两省一市之间存在经济利益竞争，跨界水污染问题的背后是区域经济利益的竞争，由于制度安排上的原因，现实中各方从自身经济利益最大化的角度去利用水资源，忽视了水资源的保护意识及他人的资源利用权。

2 跨界目标考核一体化管理技术

2.1 我国跨界水环境管理的现状

我国多年水资源平均约为2.8万亿m^3，占世界第6位。但由于人口众多，相对量却很少。我国每人每年占有水资源量仅有2 200 m^3，约为世界平均值的1/4。居于世界人均水量的第109位，为世界13个人均水资源最贫乏的国家之一。水资源已成为我国经济发展的重要制约因素。跨界水资源管理成为我国环境管理的重中之重。

2.1.1 我国跨界水环境管理的总体状况

目前我国的流域管理不能适应流域问题变化的需要。尽管中国的流域管理在过去50年取得了长足的进步，但是目前中国的流域管理仍然存在着诸多问题，流域管理不能完全适应流域性问题的变化以及社会经济发展的需求。

当前我国流域管理存在的主要问题包括：现有的流域管理机构职能单一，管理手段不完善，无法承担起流域综合管理的职责；法规协调性不够，缺乏统筹考虑流域综合管理的法规；水资源与水环境管理机制存在明显的冲突，阻碍流域综合管理措施的有效实施；利益相关方参与不足，公众权益得不到保障。

长期以行政区域为单元控制流域水污染，已经成为我国流域水环境管理面临的主要问题。虽然我国的水法、水污染防治法确定了我国水污染控制以流域管理与行政区管理相结合，但我国多年来实行的流域管理是以部门管理与行政区管理相结合的管理体制。这种人为地将一个整体的流域按行政区划实行地方和部门的分割管理，必然助长地方保护与部门保护，阻碍流域自然环境与自然资源的高效综合利用，导致流域上下游间的污染转嫁，引起地区之间的污染纠纷，加剧流域各地方利益的矛盾冲突。实践表明，水资源流域治理中的一个关键性问题就是能否协调好各行政区在跨界流域水资源使用、水环境规划和水污染防控中的利害关系。

由于我国正处于工业化和城市化加速发展的阶段，也正处于经济增长和环境保护矛盾十分突出的时期，环境污染总体水平较高，水资源短缺问题仍日益严重，污染型缺水已成为制约中国社会经济可持续发展的最重要因素之一。加之跨界水污染矛盾与我国区域社会经济发展不平衡，水资源管理体制和区域行政管理体制等矛盾交织在一起，因此，在我国经济高速发展的同时，如何最大限度地进行水污染防治以及如何妥善地解决区域间跨界水污染问题，已经成为我国当前一个亟待解决的重要课题。

从 20 世纪 90 年代中期，针对我国日益严重的跨界水污染问题，我国政府开始在全国各大流域内推行新的流域管理体制，原环境保护总局、水利部、原国家计委、财政部及流域各地区人民政府等单位共同负责流域水污染防治规划的制定、实施及监督。1996 年国务院批复了《淮河流域水污染防治规划及“九五”计划》，此后国务院先后批准了海河流域、辽河流域、太湖流域、滇池等流域的水污染防治规划。

我国的长江、珠江、淮河、黄河、松花江跨行政区的大江河，环境问题呈现明显的流域性特征，水环境功能区的划分与使用功能往往以行政界限确定，导致同一流域上下游间使用功能的矛盾，同一流域城市间由于水环境导致的环境纠纷明显增加，水环境污染物总量控制难以有效实施。这是我国跨界水环境管理的现状存在的主要问题。

我国现行法律规定的流域综合管理体制是“统一管理与分级、分部门管理相结合”，其实质是“统一管理与分散管理相结合”或“流域管理与部门管理和行政区域管理相结合”的管理体制。但现行的流域管理体制已不能满足可持续发展的需要，需要建立更为有效的流域管理。

有效的流域管理机构是实施流域综合管理的体制保证。有效的流域管理机构通常有法定的组织结构、议事程序与决策机制，其决策对地方政府有制约作用。由于我国现行的流域管理体制形成了中央和地方政府的许多部门参与水资源的管理，流域区域利益相关方利益冲突，给流域水污染防治、水资源及生态保护等工作带来了很多障碍，造成水资源低效管理。

因此，我国可以根据具体情况建立流域管理体制，即建立跨行政区域、直接隶属国务院的流域管理委员会，同时在流域不同区域设立流域委员会的下属执行机构，其主要职责是从全流域角度保护资源，维护流域自然生态系统的健康，促进全流域自然、社会、经济的和谐发展。

2.1.2 跨界水污染成为长三角一体化建设的阻碍

长三角地区水环境跨界水污染的治理，由于危害严重、涉及范围广、治理难度大等因素，已成为长三角区域一体化建设中的重大阻碍。

长三角地区作为我国目前经济发展最具有潜力和最活跃的地区，工业化进程十分迅速，快速发展工业的同时也增加了环境的负担。各地方的企业为促进自身利益发展最大化地利用水资源，忽视了对水资源的保护。而长三角地区的工业经济发展十分活跃，产业结构的趋同性也很强，如苏南和浙北地区的乡镇企业、个私企业数量多，范围广，排污量大，在很大程度上还是地方政府税收的主要来源，地方环保部门难以做到有效的监管。

长三角地区人口众多，城镇分布密集，随着经济的快速发展，该地区城市化进程也明显加快。长三角城市群作为世界第六大城市群，在城镇建设和城市化发展过程中人口和物资的聚集、工业经济的高速发展，使得城市和城镇分别成为不同程度的水污染中心。密集的人口、城市化的发展一方面增加了生活污水的排放量；另一方面也导致了水污染源的分散。

2.1.3 我国长江等重点流域的跨界水污染防治任务艰巨

长江水利委员会 2010 年 9 月发布消息，2009 年长江流域废污水排放总量为 333.15 亿 t，较 2008 年增加 2.47%，水污染形势不容乐观。2009 年长江流域城镇居民生活污水排放量的比例为 23.4%，比 2008 年略有增加；工业废污水排放量的比例为 66.4%，较 2008 年减少近 1 个百分点，即减少近 3 亿 t 的废污水排放量。排污主要集中在太湖水系、洞庭湖水系、长江湖口以下干流、宜昌至湖口、鄱阳湖水系、宜宾至宜昌和汉江，占长江废污水排放量的 80.12%。

长江流域废污水排放总量呈逐年增加趋势，20 世纪 70 年代末污染排放量为每年 95 亿 t，80 年代末为每年 150 亿 t，到 90 年代中后期增加到每年 200 亿 t，2000 年为每年 239.5 亿 t，到 2008 年长江流域污水排放量已达 325.11 亿 t。流域内废污水排放总量压力持续增大，水污染形势不容乐观。

统计显示，长江流域从 1998 年到 2005 年，废污水排放量每年以 7%左右的速度增加，到 2006 年全流域废污水排放量已突破 300 亿 t。近年来全流域废污水排放量增幅虽已趋缓，废污水排放量已出现结构性变化，即工业废污水量有明显减缓趋势，城镇居民生活污水排放量有所增加。

长江中游的武汉市 2010 年发布污染源普查报告称，武汉市废水大部分来自生活污染源，年生活污水排放量 4.75 亿 t，占 58.1%；废气主要来自工业污染源，年废气排放量为 4 652.23 亿 m^3，占 97.3%。生活污染物主要来自居民日常生活的排放，生活源废气污染主要来自机动车尾气排放；从污水排放来看，长江是废水的主要受纳水体，约九成的污水最后流入长江。

黄河、长江和淮河等河流作为我国重要的跨界水资源，污染程度均不断加重。黄河流域水资源保护局黄河水质污染的状况表明，黄河干流近 40%河段的水质为Ⅴ类。与黄河一样，长江流域的污染面积也在不断扩大。21 世纪初的一项调查显示，长江干流六成河水已受污染，超过Ⅲ类水的断面已达 38%。

长三角地区以占全国约 1%的国土面积、6%的人口，创造了全国将近 20%的 GDP，成为中国经济发展速度最快，经济总量规模最大的区域之一。同时长三角区域化合作不断加深，区域一体化发展格局逐步呈现，目前已发展成为世界第六大城市群。但随着工业化、城市化的快速发展，长三角生态环境面临着严峻的考验，尤其区域性、流域性的生态破坏和环境污染日益加重。但由于长三角利用水资源的不同行业和地区有各自的目标和利益，使得水资源的管理、保护难以实现有效协调。各地市复杂的行政隶属关系也使得某些地方和企业的排污行为给其他地区造成严重损失。例如，江苏省昆山市淀山湖镇在淀山湖畔大量兴建旅游度假设施，严重威胁了上海水源的水质；苏南工业污水通过江南水网向南排放，使浙江省湖州市的鱼塘养殖蒙受重大损失。

面临当前跨界水环境污染问题的挑战，我国如果不采取综合而有效的控制措施，将突破环境承载能力的极限，环境问题随时可能恶性爆发，并可能出现不可逆转的环境灾难。水资源危机严重制约了可持续发展。

2007 年夏，中国接连发生了太湖、滇池、巢湖的蓝藻暴发事件，这表明传统的发展模式积累的环境成本已经到了临界点。早在 1996 年，在原环境保护总局《1996 年中国环境状况公报》披露：统计的 138 条河段中，有 133 个河段受到不同程度的污染。78%的城市水源不符合饮用水标准，50%的城市地下水受到污染，地表水水质符合国家一级和二级水质标准的河流仅占 32.2%。时隔 10 多年，环境保护部部长周生贤在十届全国人大常委会第二十九次会议上作《水污染防治法》修订草案说明时敲响警钟：随着我国经济的持续快速增长和经济规模的不断扩大，水污染物排放一直没有得到有效控制，水污染防治和水环境保护面临着旧账未清完又欠新账的局面。我国是一个水资源总量丰富而人均水资源量贫乏的国家。我国的大小河流遍布全国，尤其是东部和南部形成了十分密集的河网。我国面临着水量时空分布不均和水污染严重和水量浪费造成的水危机，加之我国跨界水质管理的不足，这就决定了我国的跨界水污染管理和防治工作任务十分艰巨。

2.1.4 长江等流域跨界污染管理的问题

我国长江等重点流域从流域管理实际进程和效果来看，还存在着诸多问题。

（1）流域管理机构地位不明确。这就易导致其管理能力和行政权威性受到影响。流域管理机构仅作为水利部的派出机构，导致其议事及综合协调能力难以发挥作用。在实际工作中，有些地区和部门仅仅将流域管理机构视为附属于水利部的技术服务性事业单位，这也削弱了流域管理机构的行政权威性。部门管理与地方行政区域管理相结合的管理体制不利于流域跨界管理职权的统一行使。流域管理不仅要发挥区域的积极作用，还要引导区域发展符合流域整体的发展目标，此外，流域管理体制必须能够有效规制和平衡流域内各种水资源开发主体的行为和利益要求，而目前分散的流域管理体制显然难以胜任。

（2）在流域跨界管理上机构层次不清。对于二、三级流域我国的《水法》并未明确流域管理机构的设立。但《水法》却在第 17 条中规定了二级流域流域管理机构的相关职能，如此规定容易造成人们的认识不清。基于我国水资源治理的“行政区行政”特点，各地区跨界水污染治理体制就是“多龙治水、多龙管水”。在跨界水污染治理过程中采用一种多部门参与、多层次管理的体制，表现为国家在地方设有派出机构，流域内各地方政府多头管理，如在太湖管理流域管理中，作为管理机构的太湖流域管理局作为水利部派出机构，实行水利部和国家环保部双重领导，它的主要职能是负责太湖流域内水资源的功能规划和调度，职能比较单一，无法涵盖太湖流域污水治理的各个方面，权威性不强，难以对各地方政府特别是省级政府起到约束和监督，导致的结果就是地方政府在治理水污染问题上，只考虑本地区利益。由于没有统一权威的领导机构，跨界水污染的治理缺乏长足性，各项政策也难以得到有效执行。

（3）跨界水污染治理需要权威管理部门的领导以及完善的法律制度作为合作的平台。我国跨界流域缺少地方政府间区域合作的法律和制度平台。我国政府已经颁布了多项针对水污染治理和水环境保护的法律法规，包括《水污染防治法》《重大水污染事件报告暂行办法》《淮河和太湖流域排放重点水污染物许可证管理办法》等。但是，在“跨界流域的综合治理环境保护方面，缺乏相应的制度安排，关于跨界流域的利用和综合保护、排污标准的确定、如何实现属地管理等问题都缺乏相应的法律规定”。

（4）没有确定纳污能力的法律效力。水法从水体的自净能力与生态恢复能力出发，规定了水域纳污能力，并规定了相应的提出程序，并以此作为整个流域水体排污的依据。但由于对其法律效力缺乏相应的协调，而水污染防治法中规定的是污染物排放总量控制制度。当有关部门不依据水域纳污能力进行相关的排污总量控制与排污量的分配时，没有明确规定其法律责任。因此需要进一步强化水域纳污能力的法律效力，规定其为核定整个流域排污总量的依据，有关部门必须据此核定相关区域的排污总量，在此范围内对排污单位进行分配。并规定相应的实施细则与法律程序、法律责任，以保证纳污能力相关制度的实施。

伴随着长江流域社会经济的快速增长，生态与环境问题不断累积和扩大，其中跨地区的流域性生态退化和环境污染问题日益突出，成为长江流域社会经济可持续发展的重大挑战。长江流域生态与环境问题在整体上呈现出全局性和复杂性的特征，其治理不仅需要利益相关方之间的相互协调，而且将是一个长期的恢复过程。如果不能从现在起采取强有力的措施，未来中国长江的流域跨界污染问题将得不到有效解决。

2.2 区域跨界污染问题存在的原因

造成我国区域跨界污染的原因主要有以下几种，即跨界污染的政策和法律方面的原因、跨界污染的环境管理方面的原因、经济建设与环境规划原因，以及环境治理的经济投入与经济手段原因等。

2.2.1 政策和法律原因

对跨行政区域水污染事故的处理问题，《中华人民共和国环境保护法》第15条，《中华人民共和国水污染防治法》（2008年修订版）第28条都做出了规定：跨行政区域水污染纠纷，由有关地方人民政府协商解决，或由上一级人民政府协调解决。此外，国家环保部也针对跨界问题制定了《关于预防与处置跨省界水污染纠纷的指导意见》，其主要途径大体与《中华人民共和国环境保护法》第15条，《中华人民共和国水污染防治法》第28条相吻合。但从多年的实践情况看，这些法规的可操作性不强，行政区分别治理的现状难以做到协调统一，责任难以认定，相互推诿的现象时有发生，致使很多跨区域污染事故得不到及时、妥善的处理。此外，由于我国流域治理法律体系中（如新《水法》、《水污染防治法》）对参与流域治理的各政府部门责权赋予尚不明确、未从制度上明确水资源管理体制中区域管理和流域管理以谁为主等关键问题，导致流域水环境管理的一些政策、法规未能得到有效执行。因此，流域治理急需进一步理顺部门职能关系（包括国家政府部门间层级关系及流域治理结构中水行政主管部门的层级关系）。另外，水污染防治法中涉及跨界污染方面规定的实施细则不完善，地方一些具体的实施政策和规定缺乏基于当地情况的科学的研究基础等，也是造成相关法律法规不能有效解决现实中问题的重要原因。

2.2.1.1 流域跨界污染立法尚不完善

我国的《水污染防治法》体现可持续发展战略，适应社会主义市场经济体制的要求，实现水污染防治与水环境保护工作的转变。水污染防治和水环境保护的战略思路在《水污染防治法》中已确立了。这一思路和体系的基本内容可以概括为：将以流域环境功能区划、流域规划、流域总量控制、流域统一监测为主要内容的流域管理作为基础和核心，实施以许可证管制为主要实施手段和法律形式，以工业污染源的达标排放和排放总量控制为基本要求和主要指标的工业污染防治，以区域总量控制和建设城市污水集中处理设施为主要任务的区域治理，以推行清洁生产为源头控制的政策趋向，以强化政府职责和鼓励公众参与为主要推动因素，以行政强制和经济刺激为实施机制，以强化法律责任为强制保障条件。

发达国家流域管理的成功经验之一便是把流域法制化建设作为流域管理的基础。发达国家流域管理的发展历程，大都经历了一个由片面注重单一资源的开发利用，到强调改进流域生态系统的整体功能，到强调广泛合作基础上的流域统一管理，再到目前的强调流域范围内的综合生态系统管理的过程。由此，树立流域可持续发展观，从流域环境与发展统一的角度考虑实现流域的可持续发展，成为世界各国政府和研究人员长期关注的热点和焦点问题。

2.2.1.2 我国现行的流域管理立法存在着一些问题

流域立法是为了发挥其保护流域水环境功能，为环境管理体制的完善提供法律保障。但是，我国现行的流域管理立法自身存在着诸多问题。

（1）流域管理机构的法律地位和职权范围是立法应首要解决的问题。这是因为现实中大量存在着地方政府为了促进区域经济的发展，以牺牲流域生态利益为代价，过度使用流域资源和污染流域生态环境的情况，而流域管理机构却对此束手无策。之所以如此，是因为国务院的相关规定中仅仅将流域管理机构定位为“具有行政职能的事业单位”，而《水法》对其权力的行使也未予明确，这就导致了流域管理机构职能履行时的软弱无力。

（2）流域管理工作需要各个部门的积极配合，必要时甚至要不惜牺牲某一个部门的利益来保全流域的整体利益。这就要求必须将流域管理的相关内容规定于基本法当中，从而有利于全流域保护的基本精神在一般性法律中的贯彻。然而，《水法》与《森林法》、《水土保持法》等法律同样都是经过全国人大常委会通过的，性质上仅为一般性法律，无法对其他部门法形成统率，因此形成了流域整体利益与环境部门利益难以协调，流域管理机构的综合决策职能难以有效发挥的局面。

（3）流域规划制度是保护流域利益、实施流域管理的基本制度，流域管理机构通过参与流域规划的制定来实现其全流域的综合性管理职能。这其中，一级流域的规划由于涉及我国重大江河、湖泊的整体利益，应更为慎重和全面，因此需要流域管理机构的介入，从流域的整体利益出发来为规划的制定献计献策。然而，《水法》中只规定了二级流域规划编制中流域管理机构的参与权，却在一级流域的规划编制中将流域管理机构排除在外，造成流域管理职能设置不合理，职权分布存在缺陷。由于我国流域众多，流域之间的情况存在较大差别，因此有必要对各重点流域分别立法。但我国流域立法严重缺位，目前尚没有一部专门性立法出台，这应当引起重视。可以先对一级流域进行立法，而后由相应的流域管理机构参照一级流域立法制定保护二、三级流域的行政法规、规章。各流域专门性立法主要涉及流域水资源保护、生态保护、水污染防治、水工程管护及跨界水纠纷处理等内容，规定协调发展、统筹兼顾、流域保护优先等基本原则和流域基金、流域规划、生态补偿等基本制度。

（4）流域整体利益一体化的思想不足。管理体制的变革和立法的完善之所以成为解决流域保护问题的重要途径，是因为它们可以通过强制性手段来规范流域保护中遇到的问题。然而，这并不能从根本上解决流域污染和资源浪费等问题。要使这些问题彻底地得以解决，就必须树立流域整体利益一体化的思想，并在此基础上颁布多项经济激励政策，为流域保护提供各项经济保障，而这是需要通过学者的共同努力来实现的。

2008 年 8 月，在北京召开了《太湖管理条例》起草工作会议，率先在长江流域揭开了跨行政区的流域性立法的序幕，《长江法》、《长江河口管理办法》等也已进入准备或论证阶段；2008 年，全国重点湖泊主要水污染物排污权有偿使用试点率先在太湖正式实施，标志着太湖治污和长江跨界水环境保护工作步入新阶段。

2.2.2 管理原因

造成长三角地区跨界污染的一个主要原因是流域的水污染管理原因。现行的环境管理行政体制只要求本地政府对本地环境负责，从而导致跨界污染不断出现。可以说这也是造成我国水环境质量总体恶化和跨界污染的主要因素之一。我国水污染防治法明确指出，水污染控制要以流域管理与行政区管理相结合。可是，由于我国目前实行的流域管理是以部门管理与行政区管理相结合的管理体制，结果导致流域管理难以真正发挥效力，流域上下游间污染转嫁，增加了协调治理污染的难度，从而使得跨界水污染治理成为难题。

2.2.2.1 我国流域管理体制的历史演变

（1）20 世纪 50 年代

新中国成立以后，我国政府开始了大规模的江河流域治理工作。当时的重点工作是建立江河堤防体系和分蓄洪区，防御江河洪水。为了全面规划、实施江河治理和管理，中央设置了长江、黄河、淮河、珠江等流域管理机构。这个时期，各流域机构拥有较大的行政管理权力。计划单列，而且有资金的分配权。并且有流域规划、防汛调度等职能，实行高度集中的江河治水管理模式。各流域初步建立了江河防洪体系。

（2）20 世纪 60—70 年代

从 50 年代末到 70 年代末，由于“文化大革命”等影响，流域管理机构受到冲击。随着流域机构的撤销或管理职能的削弱，流域综合规划难以实施。由于黄、淮、海平原地区频繁发生跨界排水和用水纠纷。1968 年成立了国务院治淮领导小组。这一时期流域统一管理问题没有从根本上获得解决。

（3）20 世纪 80 年代

20 世纪 80 年代，经济的大发展，我国流域管理逐步得到加强。1982 年成立了松辽水利委员会，1983 年恢复了长江水利委员会，1984 年又建立了太湖流域管理局。在这一时期全面恢复或建立的流域机构，还逐步增加了相关职能，特别是与环保合作，成立了流域水资源保护局，把水质保护列入了流域管理的内容。

50 多年的实践表明，我国是在十分艰难的条件下逐步探索出适合我国国情的流域管理模式。随着市场经济体制的逐步建立，使法制化流域管理手段成为必然趋势。

2.2.2.2 我国流域管理体制的现状

（1）我国设置了专门的流域管理机构。我国境内的流域被划分为三级：一级流域，是指国家确定的重要江河、湖泊，包括黄河、长江、松花江、珠江、淮河、海河、辽河和太湖流域；二级流域，是指跨省、自治区、直辖市的其他江河、湖泊；除此之外的其他江河、湖泊被划分为三级流域。对于一级流域，《水法》规定，除由国务院水行政主管部门进行统一的管理和监督之外，还设置专门的流域管理机构在所管辖的范围内行使法律、行政法规规定的和国务院水行政主管部门授予的水资源管理和监督职责，如长江水利委员会、黄河水利委员会和太湖流域管理局等。

（2）我国从新中国成立之初设立“长江水利委员会”作为水利部的直属事业机关，负责办理长江流域的水利事业开始，发展到今天已经建立起由国务院水利部统一领导，长江水利委员会等七大流域管理机构分工负责的流域管理综合模式。经过五十多年的发展，成为国务院水利部的派出机构，代表水利部在各大流域行使水行政主管职责。流域管理机构的法律地位基本明确。

（3）我国流域管理机构的水行政管理职能涉及防洪、水资源保护等各个方面，流域管理机构的管理职能多样。并在强调对重要江河、湖泊进行管理的同时还注重全流域的职能覆盖。随着流域治理开发步伐的加快，流域管理机构的水行政管理职能逐步得到加强。

以太湖为例。太湖流域是以太湖为中心的水系区域，是一个相对独立的流域。太湖局作为水利部在太湖流域的派出机构，依据《水法》等法律法规和水利部的授权，在太湖流域行使水行政职责，通过行政管理和行业管理对水资源实施流域管理。在二十年的太湖流域水资源管理工作中，太湖局与流域内各省（直辖市）基本形成了水资源开发、利用、节约、保护和防治水害的协调、协商机制，初步建立了流域管理与区域管理相结合的管理体制。

当前太湖流域水资源管理工作中存在的问题。其一是流域管理体制尚不完善。在太湖流域水资源管理、开发、利用和保护等方面，存在着部门职责不协调和交叉问题。太湖流域水资源管理既有流域管理和省、市地方水行政管理的分级管理系统，又有水行政主管部门和其他有关部门的分部门管理系统。由于部门职责和事权划分不清，在所有水资源管理事务中都涉及流域与区域、水行政主管部门与其他有关部门的协调。分级管理实际上削弱了流域管理，而区域水资源管理者在工作中往往偏重于区域利益，在一定程度上会忽视全流域的利益；分部门管理造成各部门间在水资源管理工作中的协调难度大，无法真正实现以流域为单元的统一管理。长期以来分级、分部门管理所形成的思维惯性，造成流域管理与区域管理、行业管理与统一管理的关系还没有理顺，流域管理的理念还没有被完全接受。其二是法律法规不完善，流域立法滞后。目前，太湖流域管理配套法律法规的不完善和制度的不健全，阻碍了新《水法》在太湖流域的有效贯彻实施。流域立法虽然滞后，但地方行政部门的立法速度却在加快，而地方立法时往往有意无意地忽视流域管理。在国家与地方立法体系中间，缺乏对流域管理的立法，使流域的水事管理陷于有法难依、有据难循的两难境地，在实际工作中出现流域管理机构不管不作为、管了难作为的情形。流域管理机构和地方水行政主管部门及其他有关部门在水资源主权、事权的认识和理解上各自一套，意见难以统一，这需要在更高的法律、制度、管理层面上进行衔接、协调和沟通。其三水资源的统一管理和水工程调度的矛盾。新《水法》明确在水资源紧缺的情况下，对流域水资源进行统一调度、统一管理。在调度和管理水资源时，应当根据规划，注意维持湖泊、河流的合理流量和适宜水位，维持水体的自然净化能力。水工程是水资源的重要载体，也是水资源管理、调配的主要手段。在太湖流域水网区，大小水工程密布，不但分布广泛，而且分属于水利、交通等不同行业和部门管理。因主管部门不同，经费来源不同，流域管理机构对其他部门或行业管理的水工程进行调度时往往需通过地方防汛指挥机构或地方水行政主管部门，在出现旱情紧急情况时，水工程主管部门往往考虑局部利益，影响水资源统一管理。其四水污染和饮用水水源地水质难以保障。新《水法》明确规定：国家建立饮用水水源保护区制度，以防止水源枯竭和水体污染，保证城乡居民饮用水安全。通常下游城市建立饮用水水源保护区，一般会处在上游河流的出水口以下区域，实际上又是上游区域污水的排放口，这导致下游城市的饮用水源水质自己无法控制，制订饮用水危机应急预案难度很大。《环保法》规定的谁污染谁负责治理的原则难以落实，目前一般认为污染源治理的主要对象是企业，对地方政府没有硬约束。

2.2.2.3 流域管理体制中出现的问题

在流域管理和区域管理相结合的水资源管理模式中，从现有流域管理的实际进程和效果来看，出现诸多问题。

（1）《中国环境保护 21 世纪议程》指出，我国水管理体制的主要机构性问题是水资源管理与水污染控制的分离以及有关国家与地方部门的条块分割，特别是行政上的划分将一个完整的生态流域人为分割开，责权交叉多，难以统一规划和协调，极不利于我国水资源和水环境的综合利用和治理。如水利部作为水行政主管部门，负责水资源的统一管理、保护和综合开发，而国家环境保护部全面负责水环境保护与管理，两者不仅权力交叉，而且与其他很多机构分享权力，结果往往导致“谁都该管”而“谁都管不了”，最后造成“谁都不管”的局面，导致在环境保护中地方保护主义盛行，为流域跨界污染纠纷的滋生提供了温床。如在太湖管理流域管理中，作为管理机构的太湖流域管理局作为水利部派出机构，实行水利部和国家环保部双重领导，它的主要职能是负责太湖流域内水资源的功能规划和调度，职能比较单一，无法涵盖太湖流域污水治理的各个方面，权威性不强，难以对各地方政府特别是省级政府起到约束和监督。

导致的结果就是地方政府出于私利，在治理水污染问题上，只考虑本地区利益，“各自为政”的“行政区行政”情况屡见不鲜。

（2）流域管理机构地位不明确导致其管理能力和行政权威性受到影响。流域管理机构仅作为水利部的派出机构，导致其议事及综合协调能力难以发挥作用。由于没有统一权威的领导机构，跨界水污染的治理缺乏长足性，各项政策也难以得到有效执行。随着经济建设的发展和水体污染问题的增加，我国水环境管理方面的问题日益凸显。我国的水环境管理涉及水利、市政、交通、国土资源和环境保护等多行政部门，是属于分散型管理体制。在经济建设进入高速发展的新时期，我国条块分割的水环境管理弊端已逐渐暴露出来。由于我国目前实行的流域管理是以部门管理与行政区管理相结合的管理体制，结果导致流域管理难以真正发挥效力，流域上下游间污染转嫁，增加了协调治理污染的难度，从而使得跨界水污染问题成为难治之症。

（3）流域水功能区划不完善，也是跨界水污染纠纷的一个潜在因素。依照国外经验，水环境功能区划在流域水环境管理中，具有极其重要的作用。但是，我国水环境功能区划还存在许多问题：缺乏统一的流域区划技术体系；目前多以水体现状使用功能为基础进行划分，缺乏水生态系统完整性体系；以行政区为基础划分，缺乏流域上下游、左右岸之间协调的科学基础等，这些都成为实施跨区域水环境管理的难点。

为防止跨界水污染问题发生，首先要建立从整个流域角度，统一规划与协调水资源的经济功能与生态功能的水域功能制度，并以此作为水污染管理和防治的基础，协调流域经济社会发展与产业布局的关系。其次水资源利用和水环境保护必须按流域进行，建立流域水资源利用和水污染防治统一管理机构，全面负责流域水资源、水环境容量与排污量统一管理与合理配置，加强流域管理制度的完善和细化。同时运用市场经济手段整治跨界水污染，如采取征税、补贴、生态补偿等限制性或鼓励性经济措施，促使流域内减少排污、消除污染。

由于流域在空间上的连续性，国际上一般以流域为单元进行统一管理。而我国对水环境的管理是基于行政区进行的，现行的水功能区划、污染负荷削减等都是以行政区为基础，由于各行政区的水质目标、负荷削减计划等不尽相同，由此成为产生跨界水污染问题的一个原因。此外，因为水资源是水环境的载体，水资源与水环境有着天然不可分割性，而我国的管理体制中，法律方面没有形成一个完整的水质水量统一管理的框架，水资源和水环境分属水利部门和环保部门管理，由此造成很多矛盾，典型的就是水利部门的水功能区与环保部门的水环境功能区不协调，还有两部门的管理目标和水质标准的不统一，这些都给管理造成很多困难，也成为跨界纠纷存在的客观原因。如环保部门认为“水资源”只是限定指水量及与水量相关的事项，其规划由水利部门负责；而流域污染防治规划应由国家环保部门制定，排污指标依据国家五年计划的目标分配到各省，流域污染防治规划也由各省环保局负责执行。由此造成的水污染防治规划与水资源规划不统一，河流动态水质也没被作为一种技术因素考虑进水污染管理规划的实施。这些与国际通行的做法不一致，也是中国水污染和水资源管理失败的主要原因。

未能有效实施全面达标排放也是造成跨界污染的一个重要管理原因。由于执法不力和重视不够等原因，造成很多排放没有达到相关标准，从而导致流域水体严重超标。以 COD 为例，如果漳卫南流域能严格实施全面达标排放，则流域 COD 污染负荷在不作其他努力的情况下可以削减 30%以上。

还有一种情况，由于环境因子的相互影响与相互作用，即使整个流域中各地区的污染物排放都达到了相关标准，而一旦污染物累积起来，却可能会加剧水体整体污染或形成新污染；加上我国环保工作一直采用行政区域为主的管理体系，对跨区域水污染防治工作还停留在条块分割、各为其利、各自为战的局面，各区之间缺乏统一部署和综合管理，使水污染的治理更加困难。同时，很多环保机构规格低，甚至成了某些事业单位的环保办公室，很难有效地实施监督和执法功能。这些情况的存在都是造成对跨界问题不能有效解决的直接原因。

2.2.3 规划原因

流域规划是根据经济社会发展的需要和水资源开发利用现状编制的开发、利用、保护水资源和防治水污染的总体部署。流域环境规划是长三角地区水污染预防和控制过程中的有效手段，尤其是对防治跨界水污染是重要的手段之一。流域环境规划也是协调流域发展与水环境保护的重要工具。流域环境规划的目的是保障水质达标、水生态系统健康以及流域社会经济的可持续发展。流域规划通过统筹协调流域内经济、自然、社会发展，统筹局部利益和整体利益、当前利益和长远利益，为保障流域生态系统健康发展确定发展方向和指导思想。然而，目前我国流域规划仅仅作为实施水行政管理的一种手段，普遍缺少制度效力，流域规划难以发挥其基本作用。

2.2.3.1 长三角地区流域规划实施的状况

2010 年 5 月，国务院正式批准实施长三角区域规划。这是贯彻落实《国务院关于进一步推进长江三角洲地区改革开放和经济社会发展的指导意见》（国发[2008]30 号）、进一步提升长江三角洲地区整体实力和国际竞争力的重大决策部署，是深入实施区域发展总体战略、促进全国经济平稳较快发展的又一重要举措。

我国自 20 世纪 50 年代开始，对黄河、长江、珠江、海河、淮河等大河和众多中小河流先后进行了流域规划。其中一些获得成功，取得了良好的经济效益，积累了可贵的经验。但也有一些流域规划，因基础资料不够完整、可靠、系统，审查修正不够及时，未起到应有的作用。70 年代末以来，对一些河流又分别进行了流域规划复查修正或重新编制的工作。

现行长江流域综合规划完成于 20 世纪 80 年代末。现行长江流域综合规划是在 20 世纪七八十年代形成的，主要考虑了防洪、发电和航运的要求，由于当时缺乏生态环境意识，对于如何认识河流，以及开发利用对生态环境的影响未给予足够的重视。2006 年国家发改委下达了经费，制定新的《长江流域综合规划》，计划3年，2009年底完成。近20年来，流域综合规划在指导流域综合治理、水资源开发利用、水土保持生态建设、水污染防治等方面发挥了重要作用，有力地促进了流域经济社会发展。但是，随着流域经济社会的快速发展、河流状况的变化以及治水理念的革新，现有流域综合规划已不能适应新时期的要求，存在以下主要问题：大部分规划的基础资料已过时，规划期已满；当时的规划重点主要围绕重大工程建设开展，对生态建设、环境保护和流域的管理等工作重视不够；对水资源承载能力和水环境承载能力认识不足，涉及水资源配置、节约、保护和管理方面的规划内容不多；随着国家主体功能区的划定、区域发展战略的实施，要求流域综合规划与之相协调和衔接。由于目前流域综合规划修订滞后于有关专业规划，因此难以合理规范和有效管理水资源开发利用行为，导致一些地方水资源过度开发、水能资源无序开发，严重影响流域水资源综合效益的发挥，造成对流域生态与环境的破坏。

此外，流域的规划和水功能区划不完善，也是长三角等流域跨界水污染纠纷的一个潜在因素。依照国外经验，水环境功能区划在流域水环境管理中，具有极其重要的作用。但是，我国水环境功能区划还存在许多问题：缺乏统一的流域区划技术体系；目前多以水体现状使用功能为基础进行划分，缺乏水生态系统完整性体系；以行政区为基础划分，缺乏流域上下游、左右岸之间协调的科学基础等，这些都成为实施跨区域水环境管理的难点。

2.2.3.2 以流域内城市群为重点统筹规划

在流域规划上以流域内城市群为重点，统筹部署流域开发、治理和保护的各项任务。城市发展与水具有密切的关系。有便利水运条件和充足水源的地区往往是人口集聚和城市发展的理想区位。一定地域空间内聚集若干城市，则更离不开水资源的支撑。城市群是经济、人口高度密集区，是水资源高消耗、水污染高排放地区，合理配置、高效利用、有效保护水资源是城市群可持续发展的重要保障；城市群也是水事关系最为复杂，水事矛盾最为突出的地区，如何协调相互之间错综复杂的水事关系是城市群协调发展的关键。因此，面向以城市群为主体形态的城镇化战略，流域综合规划修编必须以流域内的城市群作为流域治理和开发的重点。一是要把城市群的防洪、供水安全作为流域开发治理的重心，为城市群的形成和发展提供水利支撑与保障。把城市群与其核心城市作为流域重点防护和重点防洪城市，围绕城市群的供水安全加大水资源配置工程建设的力度，加强城市群的水源地保护，注重城市群上游地区的水质保护和水土保持规划，改善城市群供水条件。根据城市群经济社会发展的需要，做好航运、水电开发等规划，为城市群的发展提供便利的交通和能源支持。二是要把城市群作为一个有机的整体，从整体出发对区域水资源开发、利用、节约、保护进行统一规划和统一部署，优化资源配置，避免重复建设，防止水事纠纷，形成发展合力，促进城市群的健康和协调发展。三是要以水资源为利益纽带，探索建立城市群地区水利基础设施共建、水生态环境同治、水信息共享、涉水突发事件联防等方面的一体化发展机制，以水资源一体化发展进一步推动经济发展一体化，实现城市群地区间的全方位联合与合作。

科学规范水资源开发利用行为主体功能区的根本目的在于统筹国土功能区的经济、社会和生态功能，使三者因地制宜，各得其所。水是战略性的经济资源、生态环境的控制性要素，在主体功能区的划分和形成的过程中扮演着重要的角色。目前，主体功能区划工作正在按照总体部署全面展开，流域综合规划修编要加强与主体功能区划的互动，与之有机衔接。深度分析是要尽快完成水环境承载能力的测算，科学分析水资源开发利用程度及潜力，依法划定流域内各类河流河段的功能区划，合理确定不同河流和河段的治理、开发和保护功能定位，为主体功能区规划提供科学依据，将水资源可持续利用的要求体现在主体功能区规划中；要根据主体功能区的功能定位与发展方向，合理确定水利发展战略和重点；优化开发区要通过总量控制和定额管理相结合，制定高标准的用水定额，实施严格的水资源管理制度，推动经济发展方式的转变，带动产业结构走向节水高效的道路；重点开发区要加强水利基础设施的建设，增强对经济社会发展的水利支撑能力；限制开发区要侧重于治理，加强水土保持、河道整治和水资源的保护，发挥水利工程的生态功能，以人水和谐促进人与自然的和谐相处；禁止开发区要严格限制水资源开发利用活动，以保障生态与环境用水需求为第一目标；要根据国家确立的主体功能区分类管理的宏观政策和要求，研究提出流域内各类主体功能区的水利政策措施，如水利投融资政策、水利工程绩效评估政策，对不同主体功能区的水资源开发、利用、节约、保护实行分类管理，为不同区域功能的有效发挥提供水利政策支撑和保障。

在流域规划上，长三角地区流域自然状况和区域发展不平衡现状，决定了新一轮流域综合规划修编工作的复杂性。水资源是基础性的自然资源和战略性的经济资源，是生态和环境的控制性要素。水资源同能源资源、耕地资源并称为支撑我国经济社会可持续发展的三大重要战略资源，在维护国家经济安全中具有重要的战略地位。随着经济社会发展对取用水的不断增长，水资源面临的形势依然严峻。水安全是构成国家安全、地区安全的重要内容，从根本上看是一个与经济、社会、文化等紧密联系的制度问题，以往的水安全的公共政策基本上是把水安全当做比较纯粹的公共物品来看待，长期采取政府安排供给的模式，由此带来了诸如法律之间冲突、立法有失公平和供给低效率等问题，必须依靠制度创新和规划创新来加以解决。

规划原因对跨界污染问题的影响体现在几个方面。首先，流域规划与区域规划不协调。目前的出入境断面水质标准由各行政区制定，缺乏流域统筹，因此上下游可能在交界处界定的水质标准不统一，如下游入境界面可能定为高功能区的地方，而作为上游出境断面可能划为低功能区，由此产生跨界水质标准的纠纷；其次，目前的负荷削减计划和断面水质达标之间没有科学联系。现行的负荷削减以总量控制为主，即以现有负荷为准按一定比例削减，由各省负责实施。由于控制目标没有和流域水环境容量挂钩，即使达到了削减目标也不一定满足断面水质目标，这种情况在漳卫南流域表现得尤为明显。此外，由于断面水质标准的确定没有考虑到水资源状况，也造成水质标准制定不科学，为跨界纠纷带来隐患，这是流域规划和区域规划不协调的直接后果。例如，漳卫南流域的河南省和山东省都有反应，认为对他们的水质标准制定应该考虑其水资源的缺乏性。最后，上面提到的水资源和水环境规划分属不同的部门，再加上行政区的分割，给管理上造成更多的矛盾，并成为跨界纠纷（包括水资源和水环境纠纷）的重要原因。

2.2.4 经济手段原因

缺乏经济手段也是跨界问题不能有效解决的重要原因。首先，现在的总量控制一般采用等比例削减，因为没有考虑区域自然资源、污染治理技术与水平等因素，导致了各地区污染物削减成本有很大差异，无法发挥出低削减费用地区的优势，无法达到环境容量资源的优化配置，因此这种看似公平的方法并不是最有效率的，实际上对各地区并不公平。其次，由于各地区的经济发展水平、污染物处理技术和处理能力等方面各不相同，经济欠发达地区可能由于资金和处理技术问题，无法完成污染物削减配额，只有向其下游地区转移污染物；而经济发达地区虽然有充足的污染物处理能力完成削减配额，却不能发挥出规模效益，导致污染物处理能力闲置。由于没有排污交易和环境补偿机制，有削减能力的地区没有责任和动力去削减其他地区的污染物，污染物削减成本低的地区也没有义务去削减成本高地区的污染物。但当上游地区向下游地区转移污染物时，上下游地区必然产生跨界污染纠纷。等比例配额的总量控制模式是流域管理机构依靠行政手段而不是经济手段解决跨界污染纠纷问题，但取得的结果却并不理想。由此可见，在跨界争端普遍存在的今天，在科学研究的基础上引入市场机制（包括水权交易机制、排污权交易机制、生态补偿机制等）已经成为解决这一问题的紧迫任务。

2.2.4.1 工业发达国家重视流域跨界污染治理的资金投入

工业发达国家在流域跨界污染管理和防治方面是通过多渠道提供资金来支持跨界流域管理工作。资金保障是跨界流域管理的重要基础，包括初始阶段的建章立制、文件起草、会议筹备等工作需要大量的资金支持，而且资金保障对流域管理机构的运转及保护措施的落实也是至关重要的。欧洲环保局等单位对可能的跨界流域管理资金进行了详细分析并编制了申请指南。欧洲环保局编制了水政策及结构/凝聚基金申请指南，指导各成员国寻求与欧盟政策相关的水资源保护资金；WFD 于 2005 年出版了 2007—2013 年欧盟环境基金申请指南，并上网公布，帮助有关国家积极寻求资金支持，开展跨界流域管理并落实 WFD 有关要求。欧盟层次的资金支持主要包括针对成员国边界及欧盟边界活动的 INTERREG、针对东南欧国家的 CARDS、针对中东欧拟加入欧盟国家环境及交通基础设施建设的 ISPA、针对东欧及中亚技术支持的 TACIS、针对地中海及波罗的海周边国家及欧盟成员国的 LIFE 等，都可申请用于跨界流域保护及管理工作。此外，欧洲投资银行、欧洲建设及发展银行、世界银行等金融机构也对跨界流域管理提供一定的经济支持，一些多边捐助资金也支持跨界流域管理相关工作。

从财政、金融、信贷、税收、投入等方面扶持流域水环境管理，是一些国家流域水环境管理取得成功不可缺少的基本条件。近年来，西方一些国家正鼓励将经济学上的方法如污染交易等应用于水污染控制中。美国田纳西流域综合治理开发的成功，首要条件是国家给予法律上的有力保证和经济上的大力扶持，以国家力量扶持贫困地区开发，通过流域综合治理开发，带动全流域经济全面发展。同时，国家以优惠的经济条件和政策扶持田纳西流域管理局，通过管理局扶持地方经济发展。墨西哥莱尔马-查帕拉流域污水处理率低、流域污染严重，国家在贷款及后期开发利用上以降低税率等优惠条件来吸引私人企业主投资流域治理，从而使排入莱尔马-查帕拉河的污水量减少了 65%。日本政府在流域水管理方面的资金投入额度很大，

2001 年的资金投入额为 23 956 亿日元，占当年政府一般会计预算支出的 3.0%。

2.2.4.2 我国发挥市场机制在流域污染治理中的作用

我国发挥市场机制在流域污染治理中的作用，形成流域水污染治理的内生发展机制。流域污染治理要与完善我国社会主义市场经济体制相适应，加快水污染治理工程投融资体制改革和运行管理机制创新，建立促进环境友好型社会建设的资源环境税收政策和消费政策。完善水价形成机制和排污收费制度。逐步提高水利工程供水水价，合理调整城市供水价格和污水处理费，提高水资源费征收标准。城市生活用水推进阶梯式水价，工业用水实行超定额累进加价制度。将污水处理费作为行政事业性收费，由政府实行强制征收，财政专户管理。除法律、行政法规和国务院另有规定外，任何单位和个人不得减免污水处理费。征收的污水处理费不足以补偿污水处理厂运行维护成本并使企业合理盈利的，由当地政府财政补足。污水处理费必须优先用于保证处理厂的运转率和稳定达标率，多余部分用于管网的改造和建设。建立公共财政投入污染治理的稳定增长机制。根据发达国家的经验，一个国家在经济高速增长时期，环保投入要在一定时间内持续稳定占到国民生产总值的 1.5%，才能有效地控制住污染；达到 3.0%才能使环境质量得到明显改善。据当时有关部门测算，我国重点流域“十一五”期间水污染治理资金总需求为 4 000 亿～4 500 亿元，这么大的资金需求量不可能完全靠国家投资来完成，必须拓宽融资渠道，吸纳社会资金参与治污。因此要利用市场机制，推动治污基础设施建设，建议尽快推出实施重点流域污水处理产业发展基金。推动城市污水和垃圾处理单位加快转制改企，推进污水、垃圾处理体制改革和产业化发展，提高处理厂运行效率。采用公开招标方式，择优选择投资主体和经营单位，实行特许经营，并强化监管。鼓励排污单位委托专业化公司承担污染治理或设施运营。创新项目建管方式，进一步完善治污项目 TOT、BOT 等建设管理模式，吸引社会资本参与污水、垃圾处理等基础设施的建设和运营。探索开展排污权交易试点工作。推进排污权有偿取得制度，积极开展排污权交易试点。在控制区与排污总量核定的基础上，做好对企业的排污计量工作，合理分配排污量，合理制定排污有偿使用价格。在同一水功能区的排污企业之间，试点实施排污权交易政策，让企业自主选择，购买排污权还是建治理设施，以降低总的污染治理成本。

2.2.4.3 流域管理应建立独立的流域财政体系

流域管理体制的形成必须以独立的财政体系为支撑，而目前的流域管理工作中之所以存在诸多不尽如人意之处，究其原因，一方面是由于流域管理体制设置中存在问题；另一方面则根源于现有流域财政体系的不合理，即“部门管理与地方行政区域管理相结合”的管理模式导致流域管理对地方财政存在依赖，而一旦财政上依赖于地方，流域管理的综合决策就容易受到地方利益的牵制，从而很难全面发挥其流域保护的整体性功能。因此，必须建立起一套科学合理和相对独立的流域财政体系，彻底消除地方政府及其部门对流域管理的干扰，保障流域管理综合决策的做出与执行能够真正地从流域整体利益的角度出发，进而实现流域管理职能的独立行使。充分利用市场机制，建立多元化环保资金保障体系。多年来，长三角地区的环境治理投入不高，与经济发展水平和环保要求不适应。要加大资金投入，除了保证各级财政逐步增加投入外，应积极探索和利用市场机制，进一步拓宽投资渠道，调动各方面的投入积极性。继续发挥财政投资的引导作用，加大对生态建设与保护、农村面源污染防治、农村环境保护、区域环境治理、环境管理能力建设等领域的投入力度。推进污染治理市场化，鼓励社会资本参与污水、垃圾处理等基础设施的建设和运营，探索建立污水排放、工业 COD 等排污权交易制度，提高环境资源经营市场化水平。

2.3 解决跨界水污染的管理

2.3.1 解决跨界污染的法律法规措施

多年来，我国流域管理法制建设滞后。流域管理法制建设不能适应现代流域管理的要求。我国《水污染防治法》规定："防治水污染应当按流域或者按区域进行统一规划"，并就治理淮河、太湖、松辽流域水污染制定了管理条例或计划（规划）。但我国并未制定针对流域资源与环境综合管理及保护的法律、法规，特别是缺乏流域管理机构设立组织法，流域管理委员会的稳定性、职能、职责和任务无法律保障；缺乏流域的水资源法；缺乏公众参与的程序法。我国已经颁布的几个重要水法文件，也未对流域机构明确授权。

2.3.1.1 我国现有的涉及跨界问题的主要法律法规

国家层面涉及跨界污染的法律条文主要在《中华人民共和国水污染防治法》（2008 年修订）和《中华人民共和国水法》（2002 年），以下分别简称《水污染防治法》及《水法》。其中《水污染防治法》涉及跨界的条款有 12 条，《水法》涉及跨界的条款有 2 条。条款涉及跨界的监测责任、污染纠纷处置的机制、水质目标、污染控制责任主体、跨界污染控制、考核评价制度、跨界污染控制方法等。跨界污染防治方法体现在对流域水污染防治规划、容量总量控制、排污许可制度和生态保护补偿机制等的规定。这些条款对跨界污染总体控制的规定是明确的，但其可实施性还有待于水污染控制法实施细则的修订。表 2-1 是《水污染防治法》及《水法》涉及跨界污染控制的主要条款。

表 2-1 《水污染防治法》及《水法》涉及跨界污染控制的主要条款

项目	《水污染防治法》（2008 年修订）	《水法》（2002 年）
跨界污染控制的责任主体	第四条	
跨界污染监测责任	第二十六条	第三十二条（4）
跨界污染纠纷处置机制	第二十八条	
跨界水质目标	第十二条、第十四条	第三十二条（1）、（2）
跨界污染控制-考核评价制度	第五条	
跨界污染控制方法——流域水污染控制规划	第十五条	
跨界污染控制方法——容量总量控制	第九条、第十八条、第十九条	第三十条、第三十二条（3）
跨界污染控制方法——排污许可制度	第二十条	
跨界污染控制方法——生态保护补偿机制	第七条	

随着近二十多年经济的飞速发展及水环境管理投入的欠缺，流域及区域的水污染问题及跨界污染问题不断涌现，导致地方层面的跨界污染控制法规不断出台，其中主要是流域及区域的水污染防治条例等。如江苏省太湖、淮河流域、黑龙江松花江流域、河北省、吉林省松花江流域、内蒙古自治区境内黄河流域、青海省湟水流域、山西省丹河流域、山西省汾河流域、陕西省汉江丹江流域、陕西省渭河流域、湖北省汉江流域、山东南水北调沿线、江苏省长江、浙江省、杭州市苕溪水域等在 1995—2008 年制定和修订了流域及区域的水污染防治管理条例。这些流域及区域法规对跨界污染的规定较水污染防治法更为明确，但其中的许多条款是国家法律的一种重复性描述，而没有针对具体的流域及区域问题进行详尽明确、定量化的表述。这些条款对于区域水污染问题的控制起到了一定作用，但可实施性不强，影响了对跨界污染问题的有效解决。

2.3.1.2 存在的问题

目前中国有关水污染控制法规普遍存在于原则不便实施的问题。表 2-2 是对国内涉及跨界污染的国家层面及地方层面有关法规中存在问题的简评。

表 2-2 中国涉及跨界污染的国家及地方层面有关法规的简评

法规项目	分类	涉及跨界污染管理法律关系的内容	总体评估	主要问题
水污染控制法	国家法律	参见表 4-11	从整体结构上涵盖了跨界污染控制的内容	内容偏笼统，执行有一定的随意性。跨界纠纷强调协调处理效率不高。执行效果取决于地方配套的流域水污染防治条例的可实施性
淮河流域水污染防治暂行条例	国务院行政规章	条例直接涉及跨界污染管理的条款有 3 条，相关条款多条	条例条文对流域水污染控制的各个管理环节进行了比较好的设计，责任清晰，奖罚分明，为以后各类规划的蓝本	目标过于超前，期望五年完成目标总量控制任务且水质达标不现实。国家投入严重不足，污水处理厂项目大部分没有如期建成。迫于民生压力，当地政府未能依条例关闭所有违章企业。水闸调度不力不合条例的要求，未能避免闸控河道蓄积的污水集中下泄，使冲击负荷导致的跨界污染时有发生

法规项目	分类	涉及跨界污染管理法律关系的内容	总体评估	主要问题
省（市）流域水污染防治条例及配套文件	地方规章	到2008年流域（不跨省市）水污染防治条例有17个，内容同水污染控制法，增加实施细节	近期各地方条例的可实施性增强，进行跨界污染管理机制的创新实践，如政府环保目标责任制；环境保护任期目标责任制；跨界联席会议；联合监测；联合执法；信息共享；协商跨界水质目标等。增加了一些定量的管理指标，如江苏省环境资源区域补偿办法（试行）规定：如果交界断面水质超标，上游行政区政府将对下游进行经济补偿（化学需氧量1.5万元/t、氨氮10万元/t、总磷10万元/t）	联席会议协调机制——解决了议事的场合问题，还需摸索解决协调的原则问题，以利于协调机制的运作。联合监测、联合执法、联合审批——减少责任认定的争议，减少处罚的差异。但是在法律层面似乎还未解决跨界执法的授权问题。例如，《泛珠三角区域跨界环境污染纠纷行政处理办法》中贵州、广西对“本行政区划审批的建设项目有可能对其他行政区划的环境造成污染的，应在审批前征求其他行政区划的意见”持保留意见； 信息共享——保证跨界污染处理的实效，便于明确责任主体，便于公众参与，减少公众误解；问题是目前水量与水质数据共享在本地政府内都没有完全解决。 协商跨界水质目标——便于跨界污染防治规划的实施。问题是跨界目标协调应该在流域规划中解决。相邻两地政府确定的目标可能对下游及海洋功能区是不可接受的。 补偿机制——有利于缓解上下游发展不平衡、上游水源地保护不力的矛盾。目前的区域补偿或生态补偿存在方向性矛盾。污染补偿：强调谁污染谁付费，一般要上游补偿下游。而生态补偿强调公平的共同发展原则。为保护水质而限制上游的经济发展，导致上游人民生活水平长期低于下游，此时需要下游补偿上游。处理不当可能产生新的矛盾（目前是多出境多罚钱，而少出境不补钱。应该是少出境要补钱）；补偿的主要原则是总量控制不是浓度控制，如对太湖，全部达标入湖而不满足水质目标时，如何再筹集治污经费？ 政府官员的环境保护任期责任制以及绩效考核指标及量化方法——对干部有激励作用。可能的问题是量化方法不科学，如仅考核当年的出境水质，这对减污量大的行政区干部可能会由于考核期间径流量的减少而被撤职。如仅考核排放量，可能会由于统计数据误差过大，行政区干部的环保业绩被误判。另外，辖区内的监测不是第三方监测，行政区干部与监测部门存在利益关系，存在数据造假的可能

法规项目	分类	涉及跨界污染管理法律关系的内容	总体评估	主要问题
水法	国家法律	跨界监测、跨界水质目标——水功能分区、容量总量控制	本法明确了作为流域管理机构水利部门对跨界污染控制的管理权限（监测权、水功能区划权、保证水体的水量，维护水体的自然净化能力）	国家赋权两个部门做同类水体、同样内容的重复水质监测，是浪费纳税人的钱。同时，数据在两个部门，增加了数据共享的难度，降低监测数据的使用率； 在北方水库最小下泄流量完全不能保障，跨界断面经常无径流而仅有污水过境的现实情况下，水法仅规定水资源规划和调度水资源时，应当注意维持江河的合理流量和湖泊、水库以及地下水的合理水位。“应当注意维持”的要求明显偏低； 跨界污染控制的重要问题是过境通量，而不仅仅是浓度，水法应该明确的是及时通报跨界断面的水量，为控制污染损害的规模、采取针对性措施、明确污染责任提供基础资料； 跨界污染减灾措施中包括水工设施的调度，水法应该明确工程及水量调度的审批权限及程序，以规避不当调度导致的二次污染及次生灾害的风险
综合排放标准、行业排放标准	国家及地方强制标准	规范企业的开业环境准入条件，超标排放构成违法的依据标准	地方标准严于国家标准，对减轻过境断面的实际环境压力有利（超地标时未必超国标）	目前，标准中的有些指标落后于经济技术发展水平。在新标准出台之前，主要靠行业清洁生产标准进行替代更新。目前，行业清洁生产标准的速度尚较低（每年几个）； 达标排放（合法行为）不完全免除于企业的排污行为的环境污染侵权责任。如果构成侵权，也需承担相应的法律责任，赔偿受害人的损失。目前，这一法律精神宣传不够，使许多排污受损者（包括跨界污染），没有提起环境法律诉讼

法规项目	分类	涉及跨界污染管理法律关系的内容	总体评估	主要问题
地表水质量标准	国家及地方强制标准	按照地表水环境功能分类和保护目标，规定了水环境质量应控制的项目及限值，以及水质评价、水质项目的分析方法和标准的实施与监督	按水环境功能划分的五类标准，有利于扩展水体的使用功能	与早期的三级标准相比，规划的跨界问题增多。采用三级标准的控制断面（不划分功能区）最大也不允许超过三级（最基本的生物安全和人体健康限制），因而采用这些控制断面（基本处于取水水源的上游）进行流域或区域的容量总量分配，尽管在非控制断面会产生劣于三级标准的情况，但在规划层面产生跨界纠纷机会很少；目前的标准增加了不满足生物安全和人体健康要求的Ⅳ、Ⅴ水体，采用较多的功能区分段。规划中经常采用按功能区分段式的纳污能力估算方法，导致较多的跨界标准纠纷； 对于出境水质达标却造成下游环境损害，并因此起诉上游政府，最终以无过错或严格责任要求上游政府赔偿的案件尚未见报道。这影响了跨界污染防治的力度
水功能分区管理办法（水利部部门规章）	部门规章	水功能二级区与水质目标挂钩，分为饮用水水源区、工业用水区、农业用水区、渔业用水区、景观娱乐用水区、过渡区和排污控制区七类	按水体自然资源及经济社会发展需求的二元特性，使用功能的分类，有利于扩展水体的使用功能	与地表水质量标准相比，本办法增加了过渡区和排污控制区两个分类，但也增加了跨界污染防治的难度：过渡区本身没有统一明确的标准，可以是劣Ⅴ类到下游功能区标准；排污控制区以丧失区内全部使用功能为前提，断面平均浓度可以是劣Ⅴ类，可以出现急性或慢性毒性效应，其下游可因有机污染物较强的降解导致低氧或缺氧。过渡区长度设计只对很有限的几个污染指标有效（降解系数大于过渡区设计降解系数）。对河流保守物质而言过渡区基本不存在（纵向离散可忽略），河流中的保守物质实际控制断面在流域下游的高功能区域，其上游各功能区的功能将被虚置

发达国家流域管理的成功经验之一便是把流域法制化建设作为流域管理的基础，近年来，其流域生态环境呈现了良性发展的态势。流域问题对我国显得尤为重要，由于我国本身水资源紧缺，洪涝灾害及水体污染严重，特大流域灾害性事件时有发生，已经成为制约我国社会经济可持续发展和构建和谐社会的“瓶颈”，我国政府和学者也越来越关注流域问题，对依法管理流域，实现流域的可持续发展达成了共识。

长三角地区在执行流域法律尚存在的不足：

（1）长三角地区流域管理法律制度尚不够完善

长三角地区流域管理法律制度尚不够健全的主要表现是，流域生态安全风险评价制度、信息获取和共享制度、联合或综合执法制度、公益诉讼制度等尚未建立。生态补偿制度、水权流转制度、排污权交易制度仍然处于不断探索和完善之中。这些都在一定程度上影响了长三角地区流域综合管理的整体效果，需要在今后的立法中建立健全上述制度。如长三角地区流域管理涉及水利、环保、交通、城建、国土、能源、农业、林业等多个行业和部门，由于综合性流域管理法律的缺位，部门间的协商机制尚未建立，流域管理机构难以在流域综合管理中发挥主导作用。

（2）长三角地区流域管理法律制度尚不够健全

长三角区域各个省市都有相应的地方环境保护条例，对行政区域内的环境保护都有详细而有效的规定。然而以长三角区域为整体来看，却是各有各的条例，各有各的利益，环境保护法规在行政区划的范围内各有不同。这样一来，流域跨界环境问题等只能通常在各自行政区划的范围内各自解决，而当环境污染跨区域产生损害结果时，无论从损害的预防、到损害的降低、到损害的赔偿诉讼都因为行政区划的问题显得困难重重。此问题的极端矛盾在于，当造成环境污染损害的企业为其中一区划内的重要经济支柱产业，而其排污又成为另一区划内的重要污染源时，这两个区划间关于经济发展与环境保护问题将如何协调，由谁来负责其间的协调，以及遵照何项法律、何种原则加以协调。目前看来区域间的协调通常情况下是以行政权力的主导性干涉取得初步的解决，然而行政权力毕竟为“人治”，如何将协调机制的构建上升为“法治”，这已成为我国确保经济发展与环境保护相协调的重要课题。

（3）长三角地区流域资源管理的机构交叉和职能重叠

《环境保护法》《水法》《水土保持法》《水污染防治法》《防洪法》以及相关的部门规章和地方性配套法规，构成了长三角地区流域水事管理的重要法律依据。这些法律法规各自规定了水行政主管部门、流域管理机构、环境保护行政主管部门的职责。各管理部门之间的职权划分并不明确，存在机构交叉设置和职能重叠现象。机构交叉设置和职能重叠的结果，容易造成管理“缺位”和“越位”现象。以水资源管理为例，现行法律对水量和水质管理的规定不太协调。我国规定将水量和水质分割给水利部和环境保护部门进行分别管理，不可避免地给两个部门的工作造成一定困难。分割管理的模式使部门之间分歧协调的时间和周期拉长、难度加大，影响了各自的工作效率。同时使水资源开发利用、环境保护和水污染防治“统一管理和监督”的规定难以落实。从水资源的利用角度考虑，有质无量的水和有量无质的水都不能成为具有使用价值的水资源。而目前水利部门管理水量而环保部门负责水质保护的现状无法满足水资源统一管理与保护的实际需要。

2.3.1.3 相关建议

经过多年的治理和保护，我国长江等重点流域水环境质量恶化的趋势得到了控制，但水环境形势依然严峻，跨界水污染及生态保护的纠纷事件呈现增加趋势。在我国的水环境管理，尤其是跨界水环境管理应加强的工作包括：修订和完善水管理的法律法规，明确跨界流域管理的政策措施。明确各级政府对流域跨界断面的监管职责，国家监管省级交界断面水环境保护工作，各省辖区内跨界水环境保护工作由上级行政主管部门监督管理，从而实现流域的系统管理；明确流域综合利益最大化的目标，充分发挥各级环境保护部际联席会议、流域管理机构、环境保护督察中心的协调及监督作用，督促有关部门共同开展工作，形成合力；明确市场机制的作用，建立全流域内的生态补偿及污染物排放交易制度，为跨界流域管理提供资金保障。

针对于我国有关水污染防制法规中存在的问题，提出改进建议，见表 2-3。

表 2-3 我国涉及跨界污染的国家及地方法规改进建议

相关法规	改进建议
国家水污染控制法及其实施细则	修订水污染控制法实施细则有关规定要尽量定量化。跨界纠纷应该规定上级部门可直接裁决的情况和机制，以及规定司法介入的条件及程序，避免地方官员以协商规避法律责任、实施地方保护的情况发生
流域、区域水污染防治条例及配套文件	地方配套的流域水污染防治条例的可实施性，要针对流域或区域的具体问题，全面定量化表述，而且目标应切合实际
流域及区域管理法规及机制创新	联席会议协调机制——总结经验，逐步完善组织机制（增加利益相关方）、议事程序（保证公平）、提高效率（减少推诿、空谈）等方面章程； 联合监测、联合执法、联合审批——在法律层面解决跨界执法的授权问题。信息共享——尽快从法律及实施层面解决部门数据垄断的问题； 协商跨界水质目标——在流域及海区规划的层面解决跨界目标协调问题（出境浓度及总量的限制）； 补偿机制——合理确定补偿定价，缓解上下游发展矛盾； 政府官员的环境保护任期责任制——研究合理的量化方法
水法	建议水法明确对不同水功能区的水量、水库下泄流量的配置标准要求。水法明确的及时通报跨界断面的水量。建议水法明确工程及水量调度的审批权限及程序，以规避不当调度导致的跨界的二次污染及次生灾害的风险
水环境功能分区管理 水功能分区管理	建议取消过渡区和排污控制区两个分类，缓冲区尽量设在省内而不是省界。建议省界出境断面一般不得低于III类（省间有协议的除外）。尽快建立排污口审批的混合区限制制度； 建议修订《制订地方水污染物排放标准的技术原则与方法》（GB 3839—83）、《水域纳污能力计算规程》（SL 348—2006）两个允许纳污量的标准，从规划技术层面限制跨界纠纷的产生

相关建议还包括：

（1）应进一步完善我国的水污染防治法

《环境保护法》《水法》《水污染防治法》以及地方性流域管理法规等构成了我国流域管理的法律法规体系，其在实施流域管理方面发挥着重要作用。但由于体制等各方面原因，我国流域环境法律制度的科学性、综合系统性不强，甚至存在法律冲突和体制冲突现象。流域管理机构事权划分不明，多龙治水、利益冲突的现象仍然存在，流域生态环境法律法规和规划的实施效果不佳。这在一定程度上制约着流域管理目标、生态恢复和治理目标的实现。为此，应当以综合生态系统管理理念为指导完善我国流域管理立法，为流域内人与自然、社会的可持续发展提供法律保障。

（2）努力解决长三角地区流域水资源保护的法律问题

长三角地区在我国可持续发展中具有不可替代的地位。长三角地区流域水资源其作为公共资源和流域资源的属性，要求对流域水资源进行统一管理。目前，我国已制定了一系列法律法规，但这些法律法规都还不够健全和完善，尤其是在对流域水资源保护方面存在的问题更为严重和突出。应进一步重视和完善长三角地区流域水资源保护的法律问题。强化长三角地区流域管理机构。长江流域及长三角地区流域水资源管理机构的法律地位虽然在水法中得到确立，但由于流域管理机构仅规定为水利部设立的，行使水利部授权的职责，因此流域管理机构的职能与法律地位还较弱，对现有的长江流域水资源保护局实行的水利部、原国家环境保护总局双重领导体制没有很好落实，特别是在跨界水污染防治上的职能弱，不能够适应长江流域和长三角地区流域水资源保护的需要。通过立法给予流域管理机构广泛的行政管理权，为加大流域水污染治理力度，特别是为解决跨界污染纠纷问题，以保障流域治理规划目标的实现。

（3）明确长三角地区流域水资源管理的职责范围。长三角地区在经济发展具有一定的特殊性和地位，目前水法在流域管理与区域管理相结合中的流域管理机构与区域管理机构之间的界定不十分清楚，影响了长三角地区流域水资源综合管理的效力。因此应对此进一步细化，明确长三角地区流域水资源管理与区域管理各自职责范围。特别是在水资源保护上，长三角地区流域水资源管理机构与地方行政区域之间的关系，从而真正实现长三角地区流域水资源生态功能与经济功能的综合保护。

2.3.2 解决跨界污染的规划措施

2.3.2.1 跨界纠纷控制规划的基本层面

目前，流域生态环境危机和流域纠纷已经成为制约包括长三角在内的流域构建和谐社会的重要“瓶颈”。流域规划通过统筹协调流域内经济、自然、社会发展，统筹局部利益和整体利益、当前利益和长远利益，为保障流域生态系统健康发展确定发展方向和指导思想。然而，目前我国流域规划仅仅作为实施水行政管理的一种手段，普遍缺少制度效力，流域规划难以发挥其基本作用。

随着我国水资源紧缺日趋严峻，水资源的各种利用方式之间矛盾日益激化。城市生态用水、农业和渔业用水、生活用水之间流域上下游水资源开发利用之间等存在跨界纠纷。解决这些跨界纠纷已成为流域水资源管理的重要研究领域。目前应当重视从源头上预防跨省界水污染纠纷的发生和建立规划与处置跨省界水污染纠纷长效工作机制。

（1）应从源头上预防跨省界水污染纠纷的发生

为预防跨省界水污染纠纷，涉及跨省界流域的相邻地区特别是上游地区，要根据该地区环境容量及出境水质目标，合理制定规划、优化区域布局、调整产业结构、严把环境准入关和项目验收关，采取更加严格的环保措施。从源头上防范跨省界流域水污染纠纷。

要对流域合理规划布局，促进产业结构调整。要限制、禁止发展重污染项目，加快产业结构调整步伐，加大对高耗能、高污染行业落后生产能力的淘汰力度；注重源头控制，严把环境准入关和验收关。

强化监督执法，加大污染整治力度。加大对跨省界流域环境整治力度，尤其对影响跨省界水质的企业，依法停产整治或关闭；落实治污责任，严格实行跨省界流域断面水质考核。国家加快制定上下游流域生态补偿政策；合理确定跨省界流域的水环境质量适用标准。

（2）建立预防与处置跨省界水污染纠纷长效工作机制

根据跨省界流域水污染情况及省界断面水质目标要求，省级环保部门要督促并协助有关地方政府，在与相邻省级环保部门和地方政府共同协商的基础上，建立预防与处置跨省界水污染纠纷长效工作机制。

应当开展：定期联席会商制度，互通报并商讨跨省界水污染防治工作；信息互通共享制度，流域省界地区相邻环保部门定期互通水污染防治进展、断面水质等情况；在流域采用联合采样监测方法，跨省界流域相邻环保部门共同制订跨省界水质监测方案，定期开展联合监测；联合执法监督，共同对两地水污染防治情况开展现场检查，预防跨界水污染事故的发生；加强水污染的水质环境预警。

目前中国跨界纠纷问题包括四个不同层面的问题（表 2-4），包括一般情况下的三种纠纷和突发污染事故情况下的纠纷。从跨界污染防治的法规、政策及规划角度来看，更关注一般情况下的三种纠纷。对后一种情况下的纠纷（有主观故意成分）、事故纠纷（基本无主观故意成分），目前一般政府行动比较积极，规章制度，应急计划相对完备，跨界联合行动争议不大。以下分析主要针对前三种情况涉及的规划措施问题。

流域级别的规划对控制前三类跨界污染纠纷极为重要，从严格意义上讲，前三类跨界纠纷在规划设计和规划实施良好的流域是一个不存在的问题。因为，规划的目标就是使所有功能区达标，而无须考虑是跨界断面还是非跨界断面。出现跨界问题的区域一定是流域整体规划缺失，或没有一个真正意义上的流域规划，而仅是区域规划的简单汇总。

表 2-4 跨界污染纠纷控制的基本层面

控制层面	情景	成因	行政或市场处理机制
跨界区划层面水质目标纠纷	一般情况下，主要是上游出境功能区类别低于下游入境功能区类别，出现出境达标而下游无法达标。下游投诉上游	水（环境）功能区划不合理。流域级别的区划整合没有有效进行	流域机构在流域的生态、资源和环境控制区划上达成一致，并为各行政区所接受。调整流域层面的水（环境）功能区划。改变缓冲区位置，或清污分流，提高区域高功能区比例及达标率
跨界总量规划层面水质目标纠纷	一般情况下，主要是上游出境总量过大（可能出境未超标）导致下游相邻或不相邻功能超标，当出现出境达标而下游超标的局面时，下游投诉上游	流域总量规划不合理或流域规划的总量控制方案没有满足所有功能区达标要求	修订流域总量规划，确认可以满足所有功能区达标要求出境标准、允许出境总量（所有行政区认可）。流域机构必须对流域总量控制规划达成一致。因缺水使总量控制仍不能满足水质标准时，修改水质目标使其符合现实情况
跨界实施层面超标纠纷	一般情况下，上游出境功能区与下游功能区均由于上游污染导致超标的局面。下游投诉上游	总量控制措施落实不到位，流域规划的实施不力。经济能力不足，规划目标过高	上游交超标生态补偿款； 下游获上游新项目审核权，实施步骤必须明确完整；责任官员查撤； 调整规划的阶段目标或实施年限
跨界突发污染事故、事件纠纷	突发污染事故情况下，出境入境均超标，纠纷内容主要是谁是污染责任人，污染损失的估算方式，赔付金额	自然风险 人为风险	先行处置（财政先行垫付应急费用）；责任认定； 赔偿程序必须明确

功能区划、总量分配规划、减排计划等层面的规划原则列于表 2-5。其中最核心的原则是保证流域所有功能区均能达标（在指定的保证率水平上），否则，以功能区区划、环境规划限制跨界污染就无从谈起。

表 2-5　跨界污染纠纷控制的规划原则

跨界污染纠纷控制层面	规划处理原则
跨界区划层面水质目标纠纷	区划功能区目标调整原则 1：出境浓度及总量不得影响下游所有功能区（包括海洋功能区）达标。 区划功能区目标调整原则 2：满足流域所有功能区达标的允许纳污量方案使功能区目标的虚置率较低。 区划功能区目标调整原则 3：流域内高功能区比例不得低于某个百分比，如优于III的功能区长度不得低于 50%
跨界总量规划层面水质目标纠纷	流域总量分配方案制订原则 1：纳污总量分配可以满足流域所有功能区（包括海洋功能区）达标。 流域总量分配方案制订原则 2：纳污总量分配方案要转换成实际控制的水质目标。要确定跨界功能区的实际出境标准（不是区域功能区设定的水质标准，而是满足下游所有功能区达标的限制标准）、允许出境总量（包括海洋功能区），以便于管理
跨界实施层面超标纠纷	流域总量减排实施规划原则 1：纳污总量分配可分阶段实施原则。区域总量分配（减排）方案应满足流域总量分配方案的阶段要求。 流域总量减排实施规划原则 2：责任认定原则。确认跨界污染事故纠纷的责任，明确超标的主要贡献者（不一定是相邻功能区）。 上游交超标生态补偿款； 下游获上游新项目审核权； 调整规划的阶段目标或实施年限
跨界突发污染事故纠纷	流域总量减灾实施规划原则 1：季节性负荷控制原则。对累积的点源负荷于洪水季节排放要进行总量控制。避免雨季冲击负荷导致湖泊、河口、海洋水体的急性毒性效应的危害

2.3.2.2　水污染总量控制规划技术

实施排污总量控制是环境管理制度的一项重大革新，是改善环境质量的重大举措。排污总量控制制度提出于“九五”期间。“十五”期间，污染物排放总量控制更是将作为污染防治的主要手段和综合评价经济社会发展的指标之一进行落实，国家环境保护部还提出要逐步实行以总量控制和排污期权交易为主线的环境管理模式。可以预见，排污总量控制将极大推进环境保护各项事业的发展，更加有效地改善环境质量，也是环境保护大势所趋。采用水环境污染物排放总量控制，可以有效地克服多年来我国一直实行的水污染物浓度控制遗留的弊端，从宏观上把握水污染情势，确保环境质量得到逐步改善和提高。

20 世纪 70 年代以后，由于环境问题日益突出，日本、美国等发达国家先后开展了以水质达标为目标的污染排放总量控制规划。其中美国 EPA 提出了控制流域污染的综合地表水管理方法——最大日负荷限制（TMDL），对我国环保工作产生了很大影响。美国“清洁水法”中规定管理者要在科学的基础上将受纳水体（河流或湖泊）某断面（相当于功能区）的水质（以浓度表达）与水体可接受的负荷量相关联。表 2-6 为中美总量控制技术的异同分析。从表中资料来看，中国污染控制起步于 80 年代初，但我国由于经济发展压力过大、总量控制法规实施不力、部分地区人口稠密非污染损害严重，导致许多河流断流，环境容量丧失，使我国水污染情况越来越严重。我国北方地区污染物总量控制失效的原因之一是在关注污染损害时忽略了对非污染损害的控制，水利部与环保局没有有效地进行水资源与水环境规划的沟通。

从表 2-6 还可以看出，中国实施的控制标准相对偏松；规划层面的技术虽有不同，但主要差别是中国总量规划的执行力度小于美国，没能顶住经济发展的压力，无法完成总量控制的规划目标，使早期的以水质目标为主的容量总量控制逐步退化到20世纪末的目标总量控制。

表 2-6 中美容量总量控制技术的异同分析

项目	中国	美国	差异
启动的时间和法律文件	1983年4月9日颁布制订《地方水污染物排放标准的技术原则与方法》（GB 3839—83）国家标准	1983 年 12 月 8 日生效的修订后的“水质标准条例”	
控制核心	以水质为基点确定允许排放量	水质为基点的排放限制（总量控制）保证河流水质达标	
总量指标	点源年负荷=设计枯水条件下允许日均负荷×365 日 非点源一般进入背景负荷，较少进行总量分配	最大日负荷限值（TMDL）：含点源、非点源和安全余量	中国不同部门对总量的核定有争议； 美国总量核定一致
河流水质目标	将来的目标要将负荷总量与河流水质目标相结合	TMDL 只为了达到河流水质标准的目的	
总量限制	中国只考虑到慢性毒性的控制；忽略浓度波动导致的高浓度影响	根据负荷波动情况，按最大日负荷限制（TMDL）反推允许的平均负荷	美国的方法对重金属、有毒有机物的总量控制更安全。BOD/NH_3/COD 的控制，两国的方法差别不大
排污许可	较松，一般仅审核排放量不审核地点限制及混合区限制 排污许可主要由环保部门负责，水利部门审核入河排污口位置	较严，考虑综合毒性审核地点限制及混合区限制 许可同时考虑水质水量	中国一般较少考虑排放口急性毒性限制 中国没有将水质和水量的综合考虑纳入许可决策中
河流设计水文条件	$30Q_{10}$	$30Q_{10}$、$7Q_{10}$、$30Q_5$、$1Q_{10}$ 等	美国根据污染物的不同性质采用 $30Q_{10}$、$7Q_{10}$ 等不同的较为严格水量指标体系

项目	中国	美国	差异
水质目标	国家标准5类 规划一般以月均为主。功能区划分省制定，流域汇总	各州分类标准 规划以周、月均为主，季节平均为辅（如富营养化指标）	美国对不同污染物采用不同允许平均期更合理。美国功能区管理概念灵活，如分季水质标准、分类水质标准
控制指标	COD为主，氨氮为辅。局部地区有TP、TN指标	九类（沉积物、病原体、营养盐、重金属、溶解氧、水温、pH、杀虫剂、汞、有机物），实际控制指标20余个。总量控制基本涵盖点源及非点源	中国控制指标偏少
河流水质模拟方法	解析解、数值 一维稳态解析解为主，准动态分析较少	解析解、数值解 以零维不校准模拟为主 准动态分析较多	
规划分配方法	规划方法为主 方案比较为辅	方案比较为主 规划方法为辅	美国强调可实施性。环保局、排污业主、咨询机构相互讨论确定最后的可接受的总量分配方案，在执行上阻力及违法行为很少出现
总量规划的实施	较差。2006年，在国家环境监测网实际监测的745个地表水监测断面中，60%的断面处于Ⅳ、Ⅴ类、劣Ⅴ类的水平（不能饮用）。 尚未实现全面达标排放	较好。根据美国环保局的统计，2003年评价水域中40%的水体不符合水质标准。全国人口的绝大多数（21 800万人口）在受损水域的10英里范围内居住；但美国水质不达标不同于中国，因为不达标的水体水质可能相当于中国的Ⅱ类水质，只是相对于Ⅰ类不达标	中国有关总量规划实施的奖惩激励不足； 美国有雄厚的全流域科研基础，中国这方面较薄弱； 美国总量规划的实施涉及多个部门，而中国只是环保部门实施； 美国总量规划的多个部门实施较为协调，而中国跨部门实施管理矛盾较多

2.3.2.2.1 中国和美国流域水污染总量控制的比较

总量控制最早是由美国国家环境保护部提出的。美国从 1972 年开始在全国范围内实行水污染物排放许可证制度，并使之在技术路线和方法上不断得到改进和发展。1972—1976 年实施第一轮许可证制度阶段，主要采用以判断为依据的方法，即最佳专业判断（BPJ）方法。它是在充分收集工业行业可利用的数据和资料的基础上，经过高质量技术分析作出的判断。当时，在确定污染源削减量中使用这种方法所占的比例高达 75%，它得到美国《水法》的承认，在历史上作出了贡献。美国于 1983 年 12 月正式立法，实施以水质限制为基点的排放总量控制。

近年来，先进国家在河流水污染治理技术方面，已由单纯的“污染控制”技术发展为“水生态的修复与恢复”，实现由以“水污染控制”为目标向以“流域水生态系统健康保护”为目标的转变。陆续开展了生态河床、生态堤岸等生态恢复技术研究工作，如日本的多木川、淀川等多条河流的生态修复，取得了良好的生态效益和环境效益。

2.3.2.2.2 中国和美国流域管理的比较

中国和美国的河流都面对跨省跨州流域水资源管理问题，例如生态恢复、水污染控制、水资源保护和开发利用。完整的法律体系和有效的机构设置是成功管理水资源的关键。对两国流域水资源管理的经验进行比较，有益于双方的相互学习，特别是对促进中国流域水资源管理体制改革具有实际意义。

（1）萨斯奎哈纳河流域和长江流域在流域管理上比较

萨斯奎哈纳河（Susquehanna River）是美国汇入大西洋的最大河流。流经纽约、宾夕法尼亚、马里兰 3 个州。萨斯奎哈纳流域委员会在《萨斯奎哈纳流域管理协定》的授权下，能处理流域上的任何水资源问题。长江流域没有《流域管理协定》，类似的法规《长江法》尚处于论证研究阶段。流域机构主要是由水利部行政授权，难以协调省际的水事纠纷。

中美两国都重视水资源管理的立法。总体而言，美国关于水的法律法规设定十分详尽，如《清洁水法》《安全饮用水法》《水资源规划法》等，没有也不可能制定一部综合性的水法，水法规的执行的情况较好。相对而言，中国的水法规更原则，自由裁量的空间较大，水法规执行的过程中困难比较多。

两个流域都制订水资源规划指导流域水资源的开发与保护，但综合规划的着重点不尽相同。萨斯奎哈纳流域更多注重水质、湿地保护、洄游鱼类和珍稀物种的恢复和保护，重视水工程对文化价值的影响。近期的流域综合规划则更加注重目标的设定、重要领域的选择、优先区与优先行动的设定，而很少会涉及单个具体的工程项目计划。过去长江流域综合规划更加注重开发利用，近年来才开始编制的水资源综合规划，重视维护河流健康和可持续发展。

两个流域都采用了取水许可和排污许可制度，但萨斯奎哈纳流域更多地采用了经济手段，水权相对而言比较明晰，市场机制比较完善。

长江流域十分重视点源污染的防治，并取得了一定效果，但对非点源污染的防治尚未找到有效的办法。萨斯奎哈纳流域从 20 世纪 80 年代后期开始重视非点源污染的防治。河流两岸由森林、草地组成的缓冲带和岸边湿地，对降解非点源污染起到了良好作用。另外，土地拥有者分摊非点源污染防治费用是一个十分重要的手段，相关的实践经验已经形成了管理政策。

通过中美两国流域水资源管理体制的比较，可以对中国流域水资源的管理提出有益的建议。

（2）确定跨界断面控制目标的总量控制规划的基本步骤

由于中国目前的法规、标准等方面的限制，从规划角度处理跨界纠纷全面采用 TMDL 不是很现实。以下讨论的控制跨界污染的流域总量规划技术，均可应用于 TMDL，讨论中不再区分容量总量控制和 TMDL，而以“总量控制”表达以水质为基点确定允许排放量方案的方法。

跨界污染的控制，需要在流域级别考虑总量控制。其基本步骤如下：

①确定水质目标——流域水体功能的需求；

②环境问题识别——环境质量调查，受损水体的识别及主要污染物质识别；

③可达性分析——受损水体的可恢复识别；

④确定设计风险——能够承受的超标风险，一般以设计水文条件表达，可以是稳态设计水文条件，也可以是动态设计水文过程，也可以是水文因子的概率分布；

⑤污染源识别——现有污染源调查，点源、非点源污染负荷的总量比例，包括上游排放形成的背景负荷；

⑥利用水质模型建立污染负荷和水质目标联系——流域水体能够承受的污染负荷量；

⑦采用优化方法或方案比较方法进行总量分配——确定分配原则，提出总量分配备选方案（保证总量分配方案可以满足所有功能区达标要求）；

⑧确定安全余量，既要注意自然变化情况也要注意数据不确定性情况；

⑨将总量分配落实到污染源——确定减排目标；

⑩根据总量分配方案，确定跨界断面的实际允许出境浓度及允许出境总量。如果总量分配方案在经济上不可行（漳卫南地区目前存在这种情况），可以考虑以下对策：

分期实施：近期实施以减排为目标的目标总量控制，远期实施满足水质目标的容量总量控制；

降低水质目标：如漳卫南的新河、运河等人工河流原无自然生态功能，近期可不考虑生物生态目标。有饮用水需求的河道可采用管道输水。

（3）可选择的流域总量分配原则

①水资源贡献原则。淡水径流对河流及河口的生态影响重大，以淡水资源贡献率作为分配比例比较合理。因此，大量耗水的流域将减少其排污权，而流量大时非点源负荷也增加，负荷分配时需要

考虑此情况。

②生存需求原则——个人排污权。人的生存权平等，其排污权也应平等。因此，生活污染物负荷分配按人口考虑是合理的。

③生存需求原则——生活资料生产排污权。农田尾水、畜牧养殖是COD、氮、磷等污染物的重要来源，因此农田排污按耕地面积考虑较为合理。

④城市发展原则。GDP是城市发展的重要指标。按GDP分配排污量指标，可限制高污染低产值企业的发展，是较合理的指标。

⑤等比例削减原则。默认现状排污的不公平性，但考虑到现状削减能力，使用此原则。

⑥河流功能区控制原则。Ⅲ类河流与Ⅳ类河流的排放要求不同，Ⅳ类可给较大的混合区。而Ⅲ类河流有生物安全的要求，允许的混合区较小，负荷分配时需要考虑这些限制。

⑦综合控制原则。对各种因素进行综合分析，确定分配方法。

2.3.3 解决跨界污染的管理机制

2.3.3.1 国内现有的跨界水污染管理机制

针对跨界污染问题普遍的地区，我国目前已建立的管理机制主要包括以下几个方面。

（1）泛珠三角区域跨界环境污染纠纷行政处理办法

泛珠三角“9+2”区域的2006年GDP总量为6 300亿美元，占中国经济总量四成左右。泛珠三角区的发展离不开水资源的开发利用，但由此造成的跨界纠纷也持续不断。为了解决这一问题，2007年，在长沙举行的泛珠三角环境保护合作联席会议第四次会议上，与会各省（自治区、特别行政区）的环保官员们经过协商，通过了《泛珠三角区域跨界环境污染纠纷行政处理办法》，使广东、江西、广西、湖南、贵州、云南等省区以对跨界污染问题达成共识，可以联手应对跨界污染问题。《办法》要求区域内各省（自治区、特别行政区）环境保护行政主管部门建立环境污染纠纷处理联席会议制度，一般每年举行一次，主要任务是总结、交流、研讨环境污染纠纷处理工作；在发生重大环境污染纠纷时，视情况召开省际联席会议，并就跨界污染纠纷的受理、沟通、联合调查、事态控制、污染处理、赔偿调解等方面制定了具体操作措施。《办法》还要求各省之间建立环境信息通报制度以及建立审批提前介入机制，除贵州、广西对此持保留意见外，其余各省一致同意对本省审批的建设项目有可能对其他省（自治区、特别行政区）环境造成污染的，应在审批前征求其他省（自治区、特别行政区）的意见。此外，各省之间建立环境污染联合督察和边界水质联合监测机制，有条件的交界断面安装地表水水质自动监测装置，监测项目、监测地点、监测频次由上下游环保部门协商确定。

《泛珠三角区域跨界污染纠纷行政处理办法》的通过不仅是泛珠三角区首次就跨界污染问题达成共识，更是国内区域环境合作的一个制度创新，同时也为区域污染防治和实现减排目标提供了有力保障。泛珠三角区环境保护合作启动几年以来，已在珠江流域水污染防治“十一五”规划、区域环境监测与数据共享、区域环保产业技术交流等方面获得了许多实质性突破。

（2）江浙地区协商机制

江苏、浙江两省交界的吴江、嘉兴两市，以及江苏、山东、安徽 3 省交界的徐州、临沂、宿州 3 市，河道交织，水系复杂，有多条河流穿越省界。“污水省外流，偷排就是赚”的错误观念使跨界污染现象严重，河流的治污水平较低。2000 年前后，徐州、临沂、宿州 3 市和吴江、嘉兴两市频发跨省界河流重大污染和冲突事件。事件发生后，基层政府往往是下游告上游、上游赖下游，相互推诿、互不认账，双方的对立态度加大了治污工作难度。

2002 年初，江浙两地开始建立边界水污染防治制度和水环境信息通报机制。随后，依据中国环境监测总站 2001 年下发的要求，共同建立了江浙省界水质及水污染事故联合监测机制，协商编制了《江苏盛泽和浙江王江泾边界水域水污染联合防治方案》。通过双方共同努力，经过几个月集中整治，边界水域水环境的水质得到明显改善。

至 2005 年，江浙两地严格按照边界水域水污染联合防治方案进行水污染治理，并在不断实践和探索中形成了现行的以交界水质联合监测机制、流域信息通报机制、水环境联合执法机制、基础设施共建共享机制、区域生态补偿机制和排污权交易机制等跨行政区水污染合作防治为主的六大机制。

首先，确立跨省协防联治的治污理念和互访机制。徐州、临沂、宿州三市环保部门实现了定期互访，通报各自企业污染治理、环境监测等情况。其次，建立跨界河流水质监测系统。跨越苏、鲁、皖等省的大运河，以及流经江苏省吴江市，进入浙江省嘉兴市的河道，均设立了水质监测站，全天候监测跨界河道水质变化情况，为查处水污染突发事件提供客观依据。再次，建立上下游联动的预警机制。上游环保部门一旦预测或监测发现跨界河流水质发生异常变化，便及时向下游发出预报和通报，下游立即启动水污染应急预案，把水体污染的损害降到最低程度。最后，建立下游对上游的反馈、协查机制。跨界河流的下游地区一旦监测发现水质恶化，立即向上游反馈，协同上游查找污染源，或由上游启动限产减排预案。这些跨省界河流的集中地区，应该开始认真反思，探索建立跨省联防治污机制。《方案》实施以来，对跨界污染的整理收到了积极的效果。

江浙地区协商机制包括：

管理协商：长三角地区跨界水污染区域公共管理体系的构建，应有一个较为独立统一，并具有权威管理权的行政部门，只有这样才能保障各项工作得到有效的落实。该管理机构应具体引导各地方政府间进行协商，在地方政府发生利益纠纷和冲突时，作为“仲裁者”进行有效协调。

参与协商：区域协调组织和民间环保组织的参与是重要因素。跨界水污染治理区域公共管理需要对各个治理主体进行多个方面的协商，包括信息沟通、利益调解、冲突协调、综合治理等方面，特别是对流域内行政区域之间产生的矛盾和冲突的协调，由于涉及主体多、影响范围广、牵涉问题复杂需要借助区域协调组织的力量，进行多次的协商，在协商的基础上达到满意结果。

制度协商：目前长三角地区政府建的合作基本还处于一种框架性的协议阶段，难以符合跨界水污染治理的要求，各地方政府在协商的基础上，进一步明确各个地方政府合作中的享有各项权利、合作的方式方法、承担的相应责任等要求，发挥其在处理环境纠纷和跨界冲突时的规范性作用，使区域公共管理有章可循，坚持走法制化道路。

监测协商：长三角地区跨界水污染治理的预警机制和应急处理机制还处在起步阶段，对跨界水污染的治理也多为事后处理，缺乏对水环境的长期监测，基于区域公共管理的思想，应成立由各个地方政府的环境保护部门、气象部门、水利部门以协商为基础组建的预警办公机构，由流域管理机构进行统一领导，制订长期方案，具体调配相关任务。

（3）生态补偿机制

作为解决跨界污染的一项经济措施，生态补偿机制已在我国许多地区做了尝试和实施。

发源于江西安远、寻乌、定南三县的东江是珠江的另一大支流，流经江西、广东，注入香江，成为流域 3 000 多万居民生活的主要水源，占香港淡水供应量近八成，被香港人誉为生命之水。在国家协调下，江西和广东率先在全国探索起上下游生态补偿机制，由广东每年安排 1.5 亿元资金用于东江源区生态环境保护，这是较早的实施生态补偿的案例。

江苏省在全国率先实施《江苏省环境资源区域补偿办法》。《办法》规定，如果交界断面水质超标，上游地区政府将按化学需氧量、氨氮和总磷三种主要污染物超标数量，每吨支付给下游地区 1.5 万～10 万元不等的环境资源补偿资金，从 2008 年 1 月 1 日起在太湖流域部分主要入湖河流地区试点。江苏这一重大政策的实施，把水生态补偿机制从理论走向实践，有望破解我国流域跨界水污染难题。

浙江省也是较早实施生态补偿的省份之一，于 2005 年出台了《关于进一步完善生态补偿机制的若干意见》，在之后的 2008 年 2 月，浙江又出台了《浙江省生态环保财力转移支付试行办法》，使浙江省已基本建立了具有地方特色的生态补偿机制。

2005 年 6 月，《东江源区生态环境补偿机制实施方案》的出台，让源区的百姓得到安定。按方案的规定，2005—2025 年，由国家协调建立流域上下游区际生态效益补偿机制，由广东省每年从东江供水工程水费中安排 1.5 亿元资金用于源区生态环境保护。源区计划在“十一五”期间，投入 14.2 亿元实施退耕还林、矿山生态恢复、生态旅游、生态移民等九大工程。

以上案例说明，若要解决跨界污染问题，除了建立完善的流域管理机制，采用生态补偿机制也是十分必要的。

漳卫南流域的一些省也出台了“生态补偿”或类似的办法。如山东省的《山东省污染物减排和环境改善考核奖励办法》，河北省的《子牙河水系跨市断面水质目标考核并扣缴生态补偿金政策的通知》，针对子牙河的这一政策目前正推向全省，而且相邻的河南省也开始借鉴。

但以上提到的“生态补偿”办法或方案也有其不足之处。首先，它们都不是建立在市场机制上的真正意义的“生态补偿”，而基本上还是政府主导的行政行为。其次，办法的实施均是针对省内的情况，没有实现跨省间的补偿机制。因此，建立以市场为基础的生态补偿机制，并实现流域各省间的补偿实施，仍是一个难点并值得进一步研究的课题。

根据国内外管理实践和国内情况，提出解决跨界污染问题时或机构改革时值得考虑的 3 种模式，即联席会议制、流域委员会制和流域综合管理局制。

流域生态补偿是一种政府宏观调控下实现水资源公平利用的经济政策。目前我国正建立生态补偿机制的必要性及其社会合理性、经济合理性、生态合理性的实践，促进我国生态补偿机制的尽早建立。除局部地区以外，流域为单元的生态补偿机制尚未建立。

目前比较公认的生态补偿原则是“谁受益、谁支付，谁污染、谁治理，谁保护、谁受补”。对于太湖流域来说，从补偿主体来看主要可以分为三类，分别为省政府、各级地市政府、下游用水的各类经济主体；补偿对象应该是为水资源的优化而做出投入的上游政府、企业、居民。另外，只有区域经济的协调发展才能更好地进一步促进生态环境的良好的发展，所以在确定补偿主体应补偿给补偿对象的额度时，还应遵循区域协调的原则，不能加重下游地区的经济负担，一切从实际出发合理有效地确定其额度。

长三角环境保护一体化进程进一步加快。针对长三角流域跨界水体污染问题，长三角各省市积极加强环保联动与协调，形成了长三角跨界水体生态补偿机制总体框架。长三角流域跨界水体生态补偿机制，是在建立行政区交界断面水质目标双向考核制度的基础上，通过确定双方责任、制定补偿标准、核算补偿金额等方式，形成的一种污染赔偿或者受益补偿的制度。

根据补偿机制总体框架，机制实施范围包括长三角所属 16 个城市，拟选择跨省界河道开展相关试点。长三角流域跨界水体的生态补偿机制，采取受益补偿与污染赔偿相结合的补偿方式。一般情况下，当上游地区出境水质优于控制目标时，下游地区应对上游地区实施补偿；当上游地区出境水质劣于控制目标时，上游地区应对下游地区实施赔偿。补偿的形式主要是资金补偿，同时也鼓励上下游各方通过协商，采用政策补偿、项目补偿、智力补偿等形式来代替。

与此同时，长三角地区还将建立长三角流域跨界断面水质目标考核制度、长三角流域跨界断面水质联合在线监测制度、长三角流域跨界水体联合治理制度，并建立起长三角流域跨界水体生态补偿和水体污染预警应急等配套制度。

长三角流域跨界水体生态补偿机制，是在建立行政区交界断面水质目标双向考核制度的基础上，通过确定双方责任、制定补偿标准、核算补偿金额等方式，形成的一种污染赔偿或者受益补偿的制度。

根据补偿机制总体框架，机制实施范围包括长三角所属 16 个城市，拟选择跨省界河道开展相关试点。长三角流域跨界水体的生态补偿机制，采取受益补偿与污染赔偿相结合的补偿方式。一般情况下，当上游地区出境水质优于控制目标时，下游地区应对上游地区实施补偿；当上游地区出境水质劣于控制目标时，上游地区应对下游地区实施赔偿。补偿的形式主要是资金补偿，同时也鼓励上下游各方通过协商，采用政策补偿、项目补偿、智力补偿等形式来代替。与此同时，长三角地区还将建立长三角流域跨界断面水质目标考核制度、长三角流域跨界断面水质联合在线监测制度、长三角流域跨界水体联合治理制度，并建立起长三角流域跨界水体生态补偿纠纷仲裁、水体污染预警应急等配套制度。

长三角流域跨界水体的生态补偿机制，采取受益补偿与污染赔偿相结合的补偿方式。一般情况下，当上游地区出境水质优于控制目标时，下游地区应对上游地区实施补偿；当上游地区出境水质劣于控制目标时，上游地区应对下游地区实施赔偿。补偿的形式主要是资金补偿，同时也鼓励上下游各方通过协商，采用政策补偿、项目补偿、智力补偿等形式来代替。

我国目前的流域生态补偿存在以下几方面问题。

（1）由于我国现有的资源法和环境保护法缺乏对生态补偿的明确规定。生态补偿机制的建立在法律支持、政策体制、技术定量、补偿方法上均存在一定障碍。

（2）生态补偿量化技术难度高。生态补偿要素包含其生态保护、污染治理投入等，其影响因素十分复杂。在生态环境资源损耗尚未计入国民经济核算体系的情况下，以现有的技术水平，还拿不出能客观评价生态环境资源损失和受益的标准。

（3）流域生态补偿实质上就是流域上下游地区政府之间部分财政收入的重新再分配过程。国内外生态补偿通行的做法是财政转移支付，而我国现行的财政体制是财政转移支付只能纵向实施，横向支付受到制约。但流域的环境和生态问题常常是跨区域性的，即使确定了补偿标准和额度，由于财政体制的限制，将在很大程度上影响资金的筹集、调配、运作和统一管理，实施难度较大。

（4）管理机制存在缺陷，横向管理体制不健全。尤其是缺少跨省市、跨流域、跨部门的生态补偿协调体制，无法解决跨省市之间、上下游和行业间由水质污染造成的生态环境补偿问题。

2.3.3.2 联席会议制

这是一种松散的协调机制——流域环境保护联席会议，它为各部门、各级政府提供流域环境问题的交流和协调的平台。国家及地方资源管理部门、经济开发部门、环境保护部门定期或不定期开会，每次一个主要重点问题或每次讨论比较迫切的问题，提出改善可持续发展的多方共赢的协作措施，呈报政府或立法机关通过行政或立法程序解决。联席会议的合作协商的内容包括以下几方面。

第一，建立宏观层面的政策协商机制，它涉及跨界水污染治理及水事纠纷处理的管理运行系统中的高层，即政策层面的协商。其主要目标是把跨界水污染治理问题纳入区域经济合作与一体化中去，对区域水污染产业进行规划和调整，达成一系列跨界水污染治理的合作协议，为开展跨界水污染治理提供政策基础。

第二，建立管理层面的水行政协商机制，主要解决如何有效地控制和治理跨界水污染问题，诸如水污染微观与宏观控制脱节，污染总量控制与协调问题，水功能区划分和跨界水政执法困难等问题。跨界水污染治理涉及复杂的环境和水资源专业管理的协调，应该根据水污染产生与治理的规律去解决问题，因此，这类协商的专业性较强，必须要由跨界地区各省市及流域管理部门积极协商，一般是通过制定专业性的水资源规划、水环境保护规划等技术规范性文件来达到一致。这个层次的跨界协商要体现专业性、科学性，充分尊重专家的意见，一般由跨界相关各省（直辖市）级政府行政、水利、环保部门及其他利益相关方组成综合治理组织，来保证跨界跨部门的合作能够顺利地进行。

第三，建立地方层次的利益协商机制，主要协调地方经济利益以及如何解决跨界水污染的赔偿问题。参与主体主要是地方上与水资源矛盾直接有利害关系的各方，考虑水资源矛盾的公共性质，一般可由各方的当地政府代表、相关群众代表或其他利益相关者代表构成。其作用主要是加强沟通，缓解矛盾，预防矛盾的激化，自我达成解决协议，在矛盾激化阶段可转化为上级部门干预调处的对象机构，使矛盾调处可以迅速展开，在矛盾协商后期可以作为执行监督机构。

第四，针对三个层面的协商要求建立相应的综合治理协调组织，包括由中央及省级政府与流域机构参与的水污染治理的产业战略协调机构、由水行政和环境等部门参与的水行政协调机构、由地方利益相关者参与的地方协调机构。

目前国务院的联席会议已达 40 多个，联席会议制度涉及的范围可能越来越大，其管理效率有高有低，而涉及环保及生态保护方面的效率并不高。从技术角度来看，联席会议的建立可以解决跨部门跨地区的问题，但其效率的提高仍在于是否能解决部门间的冲突问题。这种合作机制的优点在于可以集中更多的智慧，可以互相监督；其缺点在于责任比较分散，权力有限，实施效率低。但其实施起来比较容易。

苏浙沪两省一市 2008 年 12 月签订了《长江三角洲地区环境保护合作协议（2009—2010 年）》，将在提高区域环境准入和污染物排放标准等方面紧密合作，推进长三角环境保护一体化进程。此项环境合作协议确定了区域合作六个方面重点工作。

（1）提高区域环境准入和污染物排放标准；

（2）创新区域环境经济政策；

（3）重点推进太湖流域水环境综合治理；

（4）加强区域大气污染控制；

（5）建立全区域环境监管与应急联动机制；

（6）完善区域环境信息共享与发布制度。

为确保区域合作重点工作的顺利推进，苏浙沪还确定建立两省一市环境保护合作联席会议制度，每半年召开一次会议，定期研究区域环保合作的重大事项，审议、决定合作的重要计划和文件。设立联席会议办公室，负责执行联席会议作出的决定，制订年度工作计划，推进合作协议的具体落实。

2.3.3.3 流域委员会制

国际工业发达国在流域跨界管理方面已做了许多有益的工作。流域管理委员会的作用为实现全流域的统一管理，欧洲国际性流域内国家往往通过签署国际协定来推动跨界合作。流域管理委员会则通常基于某协定而成立，主要负责协调流域内各主权国家的水管理工作。莱茵河保护协定是欧洲最早的跨界流域管理协定，现已成为修复重污染跨界河流的典范。基于该协定成立的莱茵河流域保护国际委员会（ICPR，1963）是跨界流域管理机构的先驱，其签约国包括德国、法国、卢森堡、荷兰和瑞士，欧盟也于1976年成为该委员会签约方。继ICPR之后，欧洲的多瑙河、易北河及奥德河等也相继成立了国际流域管理委员会。国际流域管理委员会是跨界流域管理的实施主体，其工作范围非常广泛，包括削减污染排放、建立预警计划、预防洪水及修复洪泛平原等。自WFD实施以来，管理委员会的职责进一步包括了保护地下水、管理近岸海域及推进公众参与等内容。当前，大部分国际流域管理委员会已成为在WFD框架下进行流域统一管理的重要机构，协调并协助欧盟、各成员国共同开展工作，推动WFD“水生态良好”目标的实现。

由于目前流域机构隶属水利部，不能代表流域的各利益相关方，不能协调部门之间的责任，而且其流域规划与管理的权力也有限，因此可以考虑在漳卫南流域设立高级别流域管理委员会。其目标是实现水资源和水污染控制的综合管理，并建立综合管理体制及基于市场的管理机制。流域管理委员会可由相关各部门、专家代表、用水者、污染排放者及公众代表等参加，其形式可在目前法律框架范围内与流域相关职能机构合作，形成综合管理机构。流域管理委员会及其执行机构是一个权力机构，又是一个管理机构，具有承担相应法律责任的管理权力，如制定流域综合规划、产业合理布局、水资源规划、废水入河等的统一管理与保护，并可协调处理地区间和部门间的跨界纠纷，协调功能区划，促进数据共享等问题。同时，它还应负责制定流域内的各种取水费用标准，防洪和排水费用标准以及废水入河的征收和罚款标准等。

该机制的管理相对集中，责任明确，而且对水资源和水环境的管理更综合化、专业化，管理中注重环境利益的持续发展，对流域管理有明显的优势；但由于没有强制性实施权力，它对各部门的约束较弱，效率偏低，而且由于相当于新增了结构，实施起来有一定难度。

2.3.3.4 流域管理局制

从解决跨界纠纷角度考虑，我国当前流域管理体制改革的重点应侧重于贯彻和细化新《水法》规定的“国家对水资源实行流域管理与行政区域管理相结合的管理体制”，从法制的高度彰显流域系统化、综合化的管理体制，建立有利于行政区域间协调的水资源与水环境综合管理体制。从国际水资源管理模式演变趋势看，从区域管理到流域管理、分散管理到统一管理的转变，更加重视流域系统的客观性。借鉴国外跨行政区流域水污染管理机制的经验，目前我国较为可行的改革方案为：保持以条块结合的政府层级结构为基础的管理体制，通过机构、机制、法规等综合性改革来协调当前管理体制中流域及区域中不同部门、不同层级间的矛盾。建议主要包括以下三个方面。

第一，体制设置方面，我国可设立具有权威性的流域水资源与水环境综合管理部门（高于各行政区的层级）作为国务院派出机构，负责指导制定跨界河流域对上下游各行政区水资源水环境管理的科学的、有约束力的制度；改变流域管理局单纯负责制定规划、协调指导、检查监督等作用，由各地方政府实施各项政策及规定，使流域流经的行政区域各自为政的现象。

第二，机构及机制安排方面，在各流域成立有权威、有实质协调能力的综合管理部门作为环保部与水利部共同认可的派出机构，直接对国务院派出机构——流域综合管理部门负责，在法律上明确该部门的地位，强化其在流域治理中层级协调、部门协调及区域协调中的权威性。

第三，在法律保障方面，完善流域水环境管理行政法律规章、健全法律支持体系。由于我国流域治理法律体系中（如新《水法》、《水污染防治法》）对参与流域治理的各政府部门责权赋予尚不明确、未从制度上明确水资源管理体制中区域管理和流域管理以谁为主等关键问题，导致流域水环境管理的一些政策、法规未能得到有效执行。因此，流域治理急需进一步理顺部门职能关系（包括国家政府部门间层级关系及流域治理结构中水行政主管部门的层级关系）。

由于跨行政区水污染问题原因复杂，危害大，涉及面广，所以建立跨行政区的、有高度权威性的管理机构是非常必要的。这些机构的上级单位负责处理省间跨界纠纷，基层单位可由省级环保局领导，专门处理省内跨区的水污染问题。

该机制的权力相对集中、解决问题的效率较高，但由于相当于增加了一级政府，实施起来有一定难度。

我国的一些专家已提出流域管理应借鉴“大部制”改革的思想，设立国家流域管理委员会，通过建立起一套“统一管理、垂直领导”的流域管理体制来实现流域的综合治理，以此彻底改变流域管理职能分散、职权分割行使的现状。在水利部之下设立国家流域管理委员会全面负责各级流域的协调和管理工作。在国家流域管理委员会之下设立一级流域管理总局、二级流域管理总局和三级流域管理总局，分别负责等级内流域之间的协调管理工作。流域管理总局的领导人员由国家流域管理委员会选派，总局对委员会负责并汇报工作，接受委员会的领导和监督。其中，设置流域管理总局的目的在于改变现有流域管理体制不顺，二、三级流域管理机构设置尚不明确的现状。但全国的流域管理工作仍应以一级流域为重点，并注重吸引社会力量共同关注流域保护，从而逐步建立起统筹兼顾、重点突出的流域管理模式。

3 区域环境信息共享

3.1 区域环境共享的必要性

随着政务透明、企业信息公开化和公众环境意识的逐步提高，环境信息通报共享机制势必成为长三角区域环境合作平台建设的重要组成部分。应依托长三角地区发达的信息产业和信息技术，通过电视、报纸、网络等各种媒介手段，以区域环境合作平台为基础建立信息交流与共享平台，使该平台成为政府部门、科研机构、环保单位、相关企业和公众之间的交流工具。一方面能够从区域层面上，对区域环境敏感点的环境质量情况与变化趋势进行及时跟踪、评估、通报、督促、检查，对环境风险源进行预警、管理，对污染事故及时做出响应；另一方面能够鼓励公众参与生态环境保护和建设，扩大公众对环境问题的知情权、参与权和决策权。

3.1.1 信息共享是环境科学发展的重要基础

信息是当今社会赖以生存和发展的重要资源。实现信息共享，使政府、科学界和公众了解国情，是提高决策的有效性和科学性，实现可持续发展的重要基础。只有信息共享，才可能减少重复投资和重复建设，打破长期形成的数据壁垒，提高资源的使用效率和更好地保护环境。只有打破地域、行业、部门、机构和学科的界限，加强横向联系，实现信息共享，才可能实现跨越时间和空间障碍的资源共享与协同工作，才有可能开展大规模的环境与健康的科研合作。因此促进信息共享，对加强跨部门、跨地区、跨学科的合作交流，对环境保护尤其是跨界水污染防治就显得尤其重要。

国际环境的先进经验表明，坚实的信息和科技基础是实施流域综合管理的重要支撑。流域综合管理需要坚实的信息与科学基础，其中完善的流域监测网络和现代信息技术共享对进行流域自然、社会、经济的综合决策与管理至关重要。只有科学地认识流域问题才可能作出科学的规划与决策。因此，许多流域管理机构均通过各种方式提高其科技支撑能力。只有全流域社会各界对流域的生态与环境问题具有科学共识，才能采取一致的行动来保护与重建流域生态系统。

长期的、连续的流域环境污染资料、环境监测资料、水文气象资料、流域经济发展资料等，对于分析流域环境污染的动态变化与趋势至关重要。实现这些信息的公开和共享，对掌握流域环境污染和环境治理具有极其重要的意义。

目前水资源保护信息往往处于几个部门分割的状态，相互间缺乏有效沟通与交流，而流域水资源保护需要流域内相关区域政府与有关部门之间的协作，也包括利益相关方、社会公众的参与。因此必须有一个流域性的基础信息平台，有利于相互沟通与协调，也有利于整个流域相关信息的统一与规范。实现流域内监测、信息发布的统一与协调。这种基础信息建设包括统一制度、统一的监测标准与评价标准，一些水文、水质、河道基础信息，相关的排污单位基础信息、污染物基础信息与统计资料以及相应的社会经济发展规划与基本情况等。

3.1.2 信息共享是长三角流域跨界污染治理的重要科学基础

20 世纪 90 年代以来，长三角太湖流域面临着污染负荷重、环境容量小的制约，经济发展与水环境保护的矛盾日益突出，太湖水环境形势日益严峻。2007 年 4、5 月间的太湖蓝藻暴发事件，更引起了人们对太湖水环境安全问题的高度关注。太湖流域水环境管理涉及多个地区和多个部门，长期以来，各相关部门围绕太湖开展了多年工作，积累了大量关于污染源、环境质量、生态背景、水文、气象等方面的信息。但由于缺乏在政府综合管理与决策层面的信息集成、共享、集中管理与统一发布机制，无法为太湖治理与决策提供有力的信息支撑。

江苏省在太湖治理实践过程中认识到，要治理好太湖，必须构建上下游相互协调、各部门密切协作，必须依靠环境信息化手段的支撑，建立流域环境一体化监管体系和环境信息共享机制，充分发挥环境信息化在流域环境管理工作中的能动作用。

先进的环境信息采集与传输技术是科学治太的实施基础。太湖蓝藻暴发是一个复杂的生物过程，传统的手工数据采集传输方式采集数据量比较小，传输效率低，数据时效性、代表性较差，不能满足太湖污染控制与蓝藻机理研究的需求。江苏省政府提出要在太湖流域建成世界上最先进的水环境监控体系，按照“高标准、全覆盖、最先进”要求推进太湖流域监测监管网络建设，为先进的环境信息采集与传输技术的应用实施提供了舞台。

跨部门数据资源共享协同是提高流域管理效率的有效途径。利用现代信息技术，制定数据收集、传输、处理的标准和流程，高度整合流域范围内环保、水利、农林、建设、渔业、气象等部门现有的与太湖水环境监管有关的信息系统与数据资源，建设水环境信息共享平台，将大大提高流域环境管理的效率。

基于海量数据的蓝藻应急综合分析模型为科学治太提供了技术手段。通过对海量历史数据的科学分析与挖掘，发现蓝藻暴发的规律及必要条件，建立蓝藻应急综合分析模型，是实现抑制蓝藻暴发、保障饮水安全的有力武器。

江苏省委、省政府高度重视太湖流域水环境信息共享平台建设，提出以统一规划，科学布局；统一标准，分头建设；统一主体，委托管理；统一平台，资源共享为原则，紧扣为太湖流域治理提供科学、高质量综合决策信息服务的目标，大力推进太湖流域水环境信息共享平台建设，为太湖流域水环境综合整治、蓝藻应急决策指挥提供及时高效的数据和信息支撑服务，使之成为铁腕治污、科学治太的推进器。

3.2 区域环境共享的主要内容

3.2.1 组建区域环境质量信息网

要实现环境信息的共享和公开，必须先保证环境信息来源的同一性、稳定性和可靠性。为此，首先必须建设和完善长三角区域环境监测网络。

3.2.1.1 区域水环境联合监测

长三角毗邻地区彼此对水资源利用状况、水质变化、水文数据等信息资料在时间、空间上缺乏一致性，在此基础之上的结论不具科学性和可比性。由于信息不共享，严重削弱了污染事故发生前的决策机制的准确性和污染事故发生后的响应机制的及时性。因此必须加强区域内省界断面水质统一监测的合作。

开展《长三角区域水环境监测网络规划》研究，对长三角区域自然环境、水环境状况、水环境功能区划和监测断面布设进行系统调查，在各省（市）原有国控、省控断面的基础上，结合水环境功能区划，以跨界水体为重点，在国家环境保护部的指导协调下，逐步明确并统一江、浙、沪两省一市跨界水质监测断面的布点位置、数量和具体的水质目标以及监测的标准方法，逐步建立统一的环境监测标准（包括监测的因子、时间频度等）；同时探讨试点在区域敏感环境目标及主要跨界水质断面实施两省一市联合监测，协商成立联合监测队伍、共同安装在线监测仪器，实现在规定时间同时采样、同时监测、结果互报并上报环境保护部，从而逐步建立完善的区域水环境监测网络。合作研究长三角区域水环境质量的演变规律、区域作用情况和存在的重点问题，编制《长三角区域水环境监测网络规划》，制订长三角区域水环境监测规划方案；提出长三角区域水环境监测能力建设要求。

共同推动批准实施《长三角区域水环境监测网络规划》，建立《监测网络规划》实施跟踪信息通报机制，建立长三角区域水环境监测网络。

区域联合监测的工作内容包括：水功能区监测、监督性监测、饮用水源地监测和太湖流域水环境监测网络建设四部分。

3.2.1.2 区域大气环境联合监测

长江三角洲地区大气污染目前总体上是以煤烟型污染为主，这是由于耗能结构中目前仍以耗煤量的比重最大，煤烟型污染以酸雨的危害最大。大量燃煤电厂密布于沿长江和沿海地带，沿长江带、沪杭甬一带均为酸雨的高频率地区，且酸度高，pH 值常小于 4。除煤电厂排放的废气外，本区城市一次性能源中煤的比重过大，小锅炉与民用炉低矮源排放是城市降尘增多、大气环境恶化的主要原因之一。此外，在上海等大城市中，污染物来自汽车、石油化工厂的排放，主要包括 NO_2、烯烃、链烷等碳氢化合物和各种自由基，造成 NO_x/SO_2 比值呈上升趋势，石油型污染的特征正日益突出，由此形成煤烟型与石油型并重的复合型污染。

建立长三角空气质量自动监控系统，并保证其正常运行，按时向社会发布区域环境质量信息。合作编制长三角区域大气环境监测网络规划。推动各省（市）政府批准实施建立长三角区域大气和酸雨监测网。

3.2.1.3 区域有毒有害联合监测

饮用水中有机毒物含量甚微，对综合性水质指标 BOD_5、TOC 等贡献较小，但对人类的危害却很大，是当前国际社会重大环境问题之一。以江苏沿江地区为例，沿江地区是全省乃至全国经济最为发达的地区之一，工业化和城市化进程日新月异，重化工业快速发展，随之带来了种类繁多的有毒有机污染物，对沿江水环境特别是饮用水源地水质构成威胁。沿江地区有机毒物排放行业集中在农药、染料、制药、化工行业，涉及有机毒物共 700 余种，主要包括苯系物类、卤代脂肪烃类、单环芳烃类、多环芳烃类、酯类等。其中列入国家优先控制污染物名单（共 68 种）和美国环保局（EPA）规定的优先控制合成有机污染物名单（共 114 种）的有机毒物分别各有 18 种；41 种列于江苏省水环境控制优先污染物控制名单（共 94 种，江苏省环境检测中心，2000，12）；52 种列于全省确定检出的有机污染物名单（共 217 种，江苏省环境检测中心，2000，12），如图 3-1 所示。

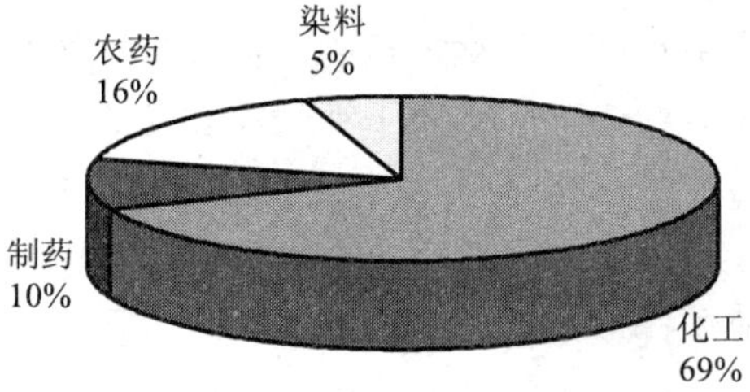

图 3-1　江苏省沿江地区有机毒物废水排放行业分布

以江苏省为例，2004 年沿江地区重点有机毒物污染源共产生 COD 44 万多 t，有机毒物约 17.6 万 t；共排放 COD 5.6 万 t，有机毒物约 2.5 万 t。化工类企业产生的有机毒物量和排放量最高，如图 3-2 所示。

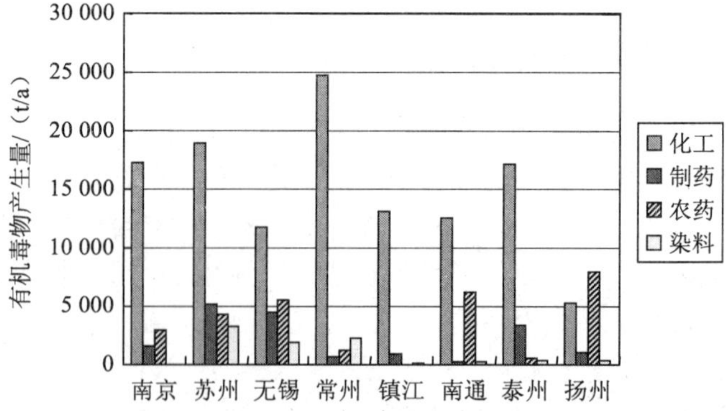

图 3-2　江苏省沿江地区有机毒物产生量

排放有机毒物的企业中，有5%无任何处理设施，95%建有污水处理装置，但有20%左右的装置未正常运行。目前企业有机毒物废水处理方式主要有：①废水经过预处理或直接排入污水管网，经污水处理厂集中处理后达标排放；据统计，沿江地区有机毒物废水集中处理率36.9%。②分散处理仍占多数，但仍然有许多企业由于其废水成分复杂、浓度高、毒性大、生物降解性差而得不到有效治理。③资源回收，如萃取法回收苯酚、树脂法回收芳香烃物质等，是有机毒物处理的最佳选择。④稀释排放，有少部分企业无任何废水处理设施，所产生的有机毒物废水采用大量冷却水、河水等冲稀后直接排放。

因此必须联合开展区域有毒有害物质现状监测，合作编制长三角区域有毒有害物质监测能力建设方案，开展专题研究，对长三角区域有毒有害物质污染提出防治对策。

3.2.1.4 近岸海域（含入海口）联合监测

杭州湾、三门湾和象山湾等近岸海域是我国海水中氮、磷含量最高的海域之一，水体富营养化程度明显提高，水质均较差，并有逐年加剧的趋势，尤其是杭州湾海域，2004年100%为劣四类水，生态环境不断退化。该海域普遍受到无机氮和活性磷酸盐超标污染，杭州湾、甬江口、三门湾、椒江口和乐清湾等海域的化学耗氧量和石油类超标。海洋生态环境质量的下降、海水富营养化程度的加剧，导致近岸海域赤潮灾害频繁发生，危害程度日益严重，浙江海域已成为全国受赤潮灾害最严重的海域。舟山周围海域、台州近岸海域成为赤潮高发区。从浙江每年发布的“海洋环境公报”中发现，近年来浙江沿海赤潮发生的面积正呈逐年增加的趋势：2002年，浙江沿海共发生赤潮29次，面积累计5 000多km^2；2003年，共发生赤潮46次，面积累计7 000多km^2；2004年，发生赤潮38次，面积累计16 000多km^2。

制订近海环境监测合作工作计划，开展近海环境和入海河流河口水质监测，建立入海河流河口水质监测网和近海海域环境监测信息发布机制，逐步建立海洋环境自动监测网络（表 3-1）。

表 3-1 2004 年主要海湾近岸海域水质评价结果

海湾名称	测点数	年份	水质量类别百分比/%					超标污染指标	最大超标倍数
			一类	二类	三类	四类	劣四类		
杭州湾	6	2004	0	0	0	0	100	无机氮、活性磷酸盐、化学需氧量	无机氮：6.3
象山湾	3	2004	0	0	0	33.3	66.7	无机氮、活性磷酸盐	活性磷酸盐：1.7
三门湾	2	2004	0	0	0	100	0	无机氮、活性磷酸盐	活性磷酸盐：0.6

3.2.2 监测信息的共享与通报

在监测网络建设的基础之上，开展环境信息共享、公开工作，建立定期通报制度。

3.2.2.1 环境监测信息共享

建立长三角区域环境监测工作交流和情况通报制度，定期通报和交流区域环境监测合作工作情况；定期组织各种形式的环境监测交流；制定长三角区域水环境监测信息报告制度；开展长三角区域环境监测技术合作研究。

充分利用区域环境平台，实现各类环境监测信息共享。以编制和实施《长三角区域水环境监测网络规划》为契机，在开发太湖流域水环境监测信息系统的基础上，编制长三角区域环境监测信息共享方案。争取在“十一五”期间全面实现省（市）以及地级站监测数据处理的信息化、数据传递的网络化，建立包括常规监测环境信息网络和水质自动监测信息系统组成的区域性环境信息网络。

3.2.2.2 区域重大污染源信息联合通报

在监测网络建设的基础之上，开展环境信息共享、公开工作，建立定期通报制度。

（1）环境监测信息共享

建立长三角区域环境监测工作交流和情况通报制度，定期通报和交流区域环境监测合作工作情况；定期组织各种形式的环境监测交流；制定长三角区域水环境监测信息报告制度；开展长三角区域环境监测技术合作研究。

充分利用区域环境平台，实现各类环境监测信息共享。以编制和实施《长三角区域水环境监测网络规划》为契机，在开发太湖流域水环境监测信息系统的基础上，编制长三角区域环境监测信息共享方案。争取在“十一五”期间全面实现省（市）以及地级站监测数据处理的信息化、数据传递的网络化，建立包括常规监测环境信息网络和水质自动监测信息系统组成的区域性环境信息网络。

（2）区域重大污染源信息联合通报

加强区域重点污染源的监控，两省一市综合考虑污染影响、风险和区域环境敏感程度，筛选出一批重点污染源，探索尝试进行污染源信息联合通报，探讨研究在日常工作中共同监控的可行性和具体操作办法。建立污染企业转移通报制度，在污染企业转出省（市）后，及时向污染企业可能转入的省（市）环境保护部门进行通报。

3.2.2.3 区域环境信息公布

区域环境信息公布应体现出定期公布、分层多系统的特点。

（1）专家信息系统

专家信息系统的开放对象是政府职能部门及具有资质的专家。专家信息系统以最大限度的信息共享为基础，以分析数据、制订应急预案为目标，兼有日常管理功能。

（2）政府信息系统

政府信息系统开放对象是长三角区域政府决策部门、政府职能部门及具有资质的专家。政府信息系统主要功能是实现区域合作与资源共享，支持重大跨界问题的决策。在绝大部分情况下，专家信息系统处于政府信息系统的下层，相对于政府信息系统是一个“黑箱”，紧急状态下，专家信息系统的任何内容均可向政府信息系统公开。

（3）公众信息系统

公众信息系统开放对象是全体社会公众。针对社会公众关心的、有密切联系的区域环境信息，以长三角区域环境质量公报、相关专题年度或季度报告、重点流域或城市环境质量月报、空气质量日报等形式，定期向社会公布。实施公众信息系统，应充分保障公众知情权、参与权和决策权。

要保障公众的知情权，必须保证公开的信息的完整性，实现政务公开、企业信息公开、环境质量公开、环境管理程序公开、建设项目环评审查和排污收费等各方面的公开；必须保证公开的信息的可获取性，应依托信息交流与共享平台，通过多种渠道发布环境信息；必须保证公开的信息的真实性和有效性，对平台发布的信息进行严格的审核。

充分依托信息交流与共享平台，主要是通过网络和其他如电话、信件等建立起作为信息受体的公众与信息提供者、生态环境保护和建设的决策者的交流与互动的有效平台，使得公众能真正参与地区生态环境的保护和建设。

在依托信息交流与共享平台实现公众对生态环境保护和建设的知情权和参与权的前提下，公众可以充分了解与自己切身利益相关的环境问题，可以充分参与和自己切身利益相关的环境问题，从而可以有效实现对区域生态环境保护和建设的决策权。

3.2.3 区域环境保护规划实施进展通报

区域环境简报是长三角地区开展区域环境保护的信息交流的重要载体之一，也是长三角地区开展环境保护合作的重要内容和成果之一。简报分《长三角区域环境保护合作简报》和《长三角区域环境保护专题工作简报》，内容应突出导向性、时效性，充分反映长三角开展环境保护合作的工作经验与成果，及时剖析合作中存在的问题，准确及时地反映区域环境质量状况。简报内容包括：

（1）长三角区域环境保护合作简报国家关于开展区域合作特别是区域环境保护合作的思路、精神，刊发有关文件、决议。

- 刊登长三角地区就区域环境保护合作所签署的重要文件、领导讲话等；
- 长三角开展区域环境保护合作的指导思想、合作规划、工作方案等；
- 区域环境保护所面临的重点、难点问题，以及解决的思路对策；
- 各方在推进区域环境保护合作中取得的进展、经验总结、遇到的问题以及对于加快推进区域环境保护合作发展的政策、措施及建议；
- 区域整体环境质量状况与变化趋势分析；
- 报道国内外开展区域合作特别是区域环保合作的成功案例；
- 刊登有关专家、学者就开展区域合作特别是区域环保合作的文章。

（2）长三角区域环境保护专题工作简报

- 各专题工作组开展合作的工作方案、行动计划；
- 各专题在合作中取得的工作进展经验总结、遇到的问题以及对于加快推进区域环境保护合作发展的政策、措施及建议；
- 区域环境敏感点位（水、气等）的环境质量情况与变化趋势，并进行细致分析，尤其是交界区域的环境质量状况及环境监管情况，要进行及时跟踪、评估、通报、督促、检查和关注；
- 重大工程。

环境问题无地界。近年来，长三角各省市环境监测部门开展合作，实行长三角流域环境监测工作通报制度、环境监测报告制度等，基本实现了流域内环境监测信息的共享。进一步促进长三角区域环境合作，本着“信息共享、监测合作、严防灾害、利益平衡”的基本方针，进一步促进长三角区域环境合作。

2009年8月江苏、上海、浙江环保部门经过协商，联合制定了《长江三角洲地区企业环境行为信息公开工作实施办法》和《长江三角洲地区企业环境行为信息评价标准》，为推进区域企业环境监管一体化，提升区域环境管理水平作了有益探索。环保信息不公开互通，环保标准不一，是区域环境保护最核心的难题。而3省市联合制定的“实施办法”规定，长三角地区要执行统一的“评价标准”，并且公开互通环保信息，推进区域企业环境监管一体化。长三角地区环保部门在每年“6·5”世界环境日前，要将本地区企业环境行为信息评级结果，通过政府网站、报刊、广播等形式向社会公开。同时，环保部门应将企业环境行为信息评价结果及时通报金融、工商、证监等相关管理部门，并纳入社会信用体系。此外，3省市环保部门还共同推出了共计11项具体指标的评价标准，涵盖企业达标排放、总量控制、行政处罚、突发环境事件等指标。

公开信息，统一标准，长三角三地环境监管走向一体化，有利于提高区域环境水平，规范企业环境行为，提升整个区域的环境管理水平。

3.2.3.1 长三角区域空气质量数据共享

“世博会”期间的空气质量一直备受各界关注。早在2009年初，基于《长江三角洲地区环境保护合作协议（2009—2010年）》框架，长三角区域两省一市多个重点城市环境监测部门就开始了空气质量联动监测的合作，为“世博会”期间长三角区域空气质量联防联控奠定了坚实的基础。上海50个空气质量自动监测站和长三角区域空气质量监测网共同组成了“世博会”期间空气质量预警监测网，建成长三角空气质量数据共享平台。

长三角两省一市环境监测部门，充分依托现有资源，强化协同监测，利用现有的监测点位和仪器设备，初步构建区域环境空气质量联动监测协作网，实现了区域空气质量监测信息共享。

重点城市围绕“世博会”期间空气质量保障需求，开展“世博会”期间空气质量的联动监测，联合预报区域空气质量，为“世博会”期间区域大气污染联防联控提供管理和技术支持。上海市已有的50个空气质量自动监测站和长三角区域空气质量监测网共同组成了世博期间空气质量预警监测网，建成长三角空气质量数据共享平台，整合长三角区域 9 城市的环境空气质量监测数据，快速生成各种汇总分析数据，及时提供决策分析、联合会商的技术依据。

在长三角空气质量预警监测网基础上，依托空气质量数据共享平台，建立了区域空气质量联合会商机制，开发了各城市环保部门空气质量日报预报的沟通协调的渠道。平台上收集提供了多种信息和图示分析工具，包括每日地面天气图、MODIS 卫星图、气象和空气质量数值预报信息等，展现了日报预报数据的趋势变化、影响范围，以及相关城市的大气污染排放信息等内容，成为会商交流最直观便捷的信息来源。

现阶段，中国环境监测总站和江苏省环境监测中心正筹划这项区域空气自动站监测质量保证、质量控制的总结会，将成为国内开展空气质量监测质控质保区域合作的成功案例。

3.2.3.2 太湖流域水环境信息共享

环境信息化共享是环保工作实现新跨越、迈上新台阶的重要战略手段。太湖流域的太湖水环境信息共享平台建设得到流域地区的重视，在环境信息资源共建共享及信息一体化建设方面进行了尝试，积累了经验，也取得了成效。江苏省太湖流域水环境监控系统建设规划其中信息平台建设经费达 2 982 万元。要基本建成覆盖江苏太湖全流域的 180 个水环境自动监测站，建设蓝藻预警监测系统，建成 50 个省、市、县和区域四级重点污染源监控中心并实现联网。要求集成包括太湖流域水质自动监测、太湖蓝藻预警监测、重点污染源监测、53 个国家考核断面和 21 个湖体监测点位信息等十多个方面的信息和系统，承担流域范围内所有相关水环境监测、监控、预警和应急等信息集中处理分析任务。目标兼顾决策支持、部门协同与信息共享。为领导层准确及时提供太湖水环境问题决策依据，提高太湖流域环境管理决策水平。各部门层，要求为各级政府、部门提供信息共享与协同工作环境，提高太湖水污染防治信息化监管水平。为社会公众发布流域水环境信息，便于公众参与流域污染治理与监督。

以太湖平台建设为基础推进环境信息一体化进程。

（1）以平台建设提升流域水环境一体化监管水平。通过联网整合，对流域水质自动监测站点实行统一监控。完成流域水质自动监控传输系统与视频监控系统联网建设，建成省环境监测中心与75个水质自动监测站点的数据传输VPN网络，以及20个水质自动监测站点的40路视频监控网络，实现流域水质和视频监控数据的集中、统一、快速接入与共享。新建或改建的自动监测站点数据也将通过数据交换平台逐步纳入该监控系统进行集中管理。

（2）以平台建设带动环境信息化建设理念的转变解决环境问题，需要技术创新和实践创新，更需要理念创新和制度创新。“太湖平台”的建设过程，也是江苏省环境信息一体化建设理念逐渐形成的过程。通过太湖平台建设，一方面暴露了过去环境信息化建设中存在的问题与不足；另一方面使参与建设各方的环境信息化理念得到了根本扭转。从过去各自为政、分散建设、搞部门小信息化，逐渐认识到环境信息一体化建设的重要性，认识到只有实行“统筹规划、归口管理、资源共享、集中运维”，才能有效发挥环境信息化对环境管理的支撑作用。

（3）以平台建设推进江苏省环境信息一体化建设进程。“太湖平台”建设涉及多系统、多部门，江苏省以环境信息资源和环境管理业务系统的集成为突破口，采用统一的技术标准、数据交换规范，全面整合环保系统现有各类电子政务及业务信息资源，建设统一的环境数据中心及环境管理综合业务平台，实现环境数据服务一致化与业务协同化，提高环境管理水平与工作效率。通过推动环境信息资源的共建共享，江苏省逐步建立起以环境信息统一管理为特征的信息管理体系。同时，环境信息一体化建设又将从根本上提升信息化对污染源自动监控、监督执法、环境监测、综合决策等环境管理工作的支撑力度，加强我省环境监管能力。

总之，跨界水污染严重影响流域水环境保护，严重干扰流域的经济建设，影响民生及社会安定，引起了各方面的高度关注。在分析长三角跨界水污染的基础上，揭示了造成跨界水污染的原因是粗放型经济增长方式、水环境管理体制不合理和水污染防治的制度缺失。因此应当努力实现流域管理体制创新，创建流域水生态补偿机制和构建水环境保护联合执法机制，以解决长三角跨界水污染。

4 长三角区域跨界水污染问题实证研究

4.1 长三角区域概况

长江三角洲指长江和钱塘江在入海处冲积成的三角洲。长江三角洲地区是我国综合实力最强的区域，在社会主义现代化建设全局中具有重要的战略地位和突出的带动作用。以上海为中心、由江苏省东南部（南京、苏州、无锡、南通、常州、镇江、扬州、泰州 8 市）和浙江省东北部（杭州、宁波、湖州、嘉兴、绍兴、舟山、金华、台州）所组成的城市带。区域面积 21.07 万 km^2，占全国的 2.19%。截至 2008 年年底，全区人口为 7 391.26 万人，占全国总人口的 5.57%。全区共实现国内生产总值 44 266.84 亿元，占全国的 14.72%；人均 GDP 达到 59 890 元，是全国人均水平的 2.65 倍。这里是我国目前经济发展速度最快、经济总量规模最大、最具有发展潜力的经济板块。

随着长三角地区城市合作的加强，城市群的共同发展令周边城市经济快速增长，使这一地区资源及生态环境问题趋于共性化。如矿物资源严重短缺，工业原材料大都仰赖外部供给；耕地资源被大规模非农用占用，受重金属、有机物等污染的土壤增多等。

长三角地区水资源总量丰富，但水环境污染问题突出，出现了“水质性缺水”局面。同时，跨界水污染问题亦非常突出。京杭运河长三角地区段、太湖、长江中下游段、钱塘江段等水资源都受到不同程度的污染。有研究显示，在长三角核心区域的 16 个城市中，有 14 个属于酸雨控制区，江苏南部、上海和整个浙江更是酸雨的重污染区；核心区域 10 km^2 范围内，因长期超采地下水，引起了区域性地面沉降与地裂缝等灾害。养殖污染、化肥农药污染、有机肥污染、生活污水肆意排放、水土流失正在成为长三角地区水土环境共同的“五大杀手”。

因此，在科学发展观指导下，组织开展长三角环境保护规划，打造“长江绿三角”，共建长三角区域环境合作平台，让长三角城市群共同为防治区域性环境污染作出贡献，是树立和落实科学发展观的一项重大战略举措，也是长三角各个城市实现经济与环境协调双赢发展的必然选择，符合长江三角洲区域社会经济协调、持续发展的实际需要，具有重大、深远的意义。

4.2 跨界水体控制（交界）断面及水质目标

4.2.1 水质目标确定的原则

跨界水体控制（交界）断面水质目标的确定是在江苏省、浙江省和上海市各自原来的水功能区划的基础上，考虑以下原则。

（1）国家标准颁布规定的（如自然保护区）或国务院颁布规划（如十五淮河防治规划）制定的跨界水域水质目标不得改变，原不符合要求的水质目标按照国家颁布的最新要求予以修正。

（2）跨界水域如为下游水域，其水质目标优于V类以上（含V类），原则上不予修改；跨界水域如为上游或邻岸水域，其水质目标优于III类以上（含III类），原则上不予修改；若相关上（下）游省份提出异议，按以下规则办理。

（3）本规则优先保证下游和邻岸III类饮用水水源功能区水质安全，若上游或邻岸另一方水质目标劣于III类的，应修正为III类。若下游或邻岸饮用水源水域所属省份水质目标规定为II类而希望上游或邻岸另一方省份将水质提高到II类的，请该省与上游或邻岸另一方水域所属省份协商确定跨界水域水质。

（4）邻岸III类饮用水水源功能区，若邻岸另一方水质为I类，则邻岸水域III类饮用水水源功能区水质应修正为II类外，除此之外，邻岸Ⅲ类饮用水水源功能区水质目标，除所属省份提出要求外，原则上保持不变。

（5）除下游为饮用水水源功能区的情况（该情况由规则 3 和 4 处理，以下同）外，上游水质目标低于下游水质目标一个级别的，原则上不做修改。上游水质目标低于下游水质目标两个级别（含两级）以上的，水质目标较低的省份应将水质目标至少提高到相差一个级别。

（6）除邻岸为饮用水水源功能区的情况外，邻岸间水质目标相差一个级别的，暂时不做修改，邻岸间水质目标相差两个级别的（含两级）以上的，水质目标较低的省份应将水质目标至少提高到相差一个级别。

4.2.2 跨界水体水质目标

根据上述原则确定跨界水体水质目标分别见表 4-1、表 4-2、表 4-3；跨界断面位置，见图 4-1。

表 4-1 江苏—上海跨界断面水质目标

序号	水系	河流名称	断面名称	所在区县	功能区划	省界断面功能区目标	省界断面水质目标	点位级别	备注
1	阳澄淀泖	千灯浦	千灯浦口	昆山市	工业用水	Ⅳ	Ⅳ	省控	上游江苏
	黄浦江水系	千墩港	千墩港	青浦	饮用水源保护区	Ⅱ	Ⅱ	市控	入上海
2	湖区	太浦河	界标	吴江	农业用水	Ⅲ	Ⅲ	国控	上游江苏
	太湖流域	太浦河	太浦河桥	青浦区	饮用水源保护区	Ⅱ	Ⅱ	市控	入上海
3	阳澄淀泖	朱厍港	朱厍港口	商塌镇	工业用水	Ⅲ	Ⅲ	国控	上游江苏
	黄浦江水系	淀山湖	大朱厍港	青浦区	饮用水源保护区	Ⅱ	Ⅱ	国控、市控	入上海

序号	水系	河流名称	断面名称	所在区县	功能区划	省界断面功能区目标	省界断面水质目标	点位级别	备注
4	太湖流域	急水港	周庄大桥	吴江	工业用水	Ⅳ	Ⅳ	国控	上游江苏
	太湖流域	淀山湖	急水港桥	青浦区	饮用水水源保护区	Ⅱ	Ⅱ	国控、市控	入上海
5	阳澄淀泖	吴淞江	赵屯	石浦	工业用水	Ⅳ	Ⅳ	省控	上游江苏
	黄浦江水系	苏州河	赵屯	青浦区	工业用水	Ⅳ	Ⅳ	市控	入上海
6	长江下游干流	长江	姚港	姚港	—	Ⅲ	Ⅲ	—	上游江苏
	长江中下游	长江干流	浏河	嘉定区	饮用水水源保护区	Ⅱ	Ⅱ	市控	入上海
7	阳澄淀泖	浏河	浏河水闸	太仓姜家村	渔业用水	Ⅲ	Ⅲ	—	上游江苏
	长江水系	浏河	陆渡	嘉定区	工业用水	Ⅳ	Ⅳ	区控	入上海

表 4-2 江苏—浙江跨界断面水质目标

序号	水系	河流名称	断面名称	所在区县	功能区划	省界断面河道功能区目标	省界断面水质目标	点位级别
1	太湖流域	頔塘	浔溪大桥	震泽	工业用水	Ⅳ	Ⅳ	省控
	太湖流域	頔塘	南浔	湖州市	饮用水水源保护区	Ⅲ	Ⅲ	省控
2	杭嘉湖	江南运河	王江泾	吴江	工业用水	Ⅳ	Ⅳ	国控
	杭嘉湖	江南运河	北运桥、王江泾	嘉兴市	渔业用水	Ⅲ	Ⅲ	国控
3	太湖流域	烂溪塘	乌镇	吴江	工业用水	Ⅳ	Ⅳ	省控
	太湖流域	澜溪塘	乌镇北	桐乡市	渔业用水	Ⅲ	Ⅲ	国控

表 4-3　浙江—上海跨界断面水质目标

序号	水系	河流名称	断面名称	所在区县	功能区划	省界断面河道功能区目标	省界断面水质目标	点位级别	备注
1	嘉兴河网	红旗塘	红旗塘大坝	嘉善县	饮用水水源保护区	Ⅲ	Ⅲ	国控	浙沪互流
	黄浦江水系	大蒸港	和尚泾桥	青浦区	饮用水水源保护区	Ⅲ	Ⅲ	市控	浙沪互流
2	京杭运河	上海塘	青阳汇	平湖市	饮用水水源保护区	Ⅲ	Ⅲ	国控	浙沪互流
	太湖流域	胥浦塘	胥浦塘—东新镇轮渡	金山区	饮用水水源保护区	Ⅲ	Ⅲ	国控	浙沪互流
3	京杭运河	广陈塘	小新村	平湖市	饮用水水源保护区	Ⅲ	Ⅲ	国控	浙沪互流
		六里塘	中丰村横码头	金山区	准水源	Ⅲ	Ⅲ	区控	浙沪互流
4	京杭运河	黄姑塘	金桥	平湖市	饮用水水源保护区	Ⅲ	Ⅲ	市控	浙沪互流
		黄姑塘	金卫镇扶王埭	金山区	工业用水	Ⅳ	Ⅳ	区控	浙沪互流
5	京杭运河	枫泾塘	枫南大桥	嘉善县	渔业用水	Ⅲ	Ⅲ	国控	浙沪互流
		枫泾塘	枫围大桥	金山区	饮用水水源保护区	Ⅲ	Ⅲ	市控	浙沪互流

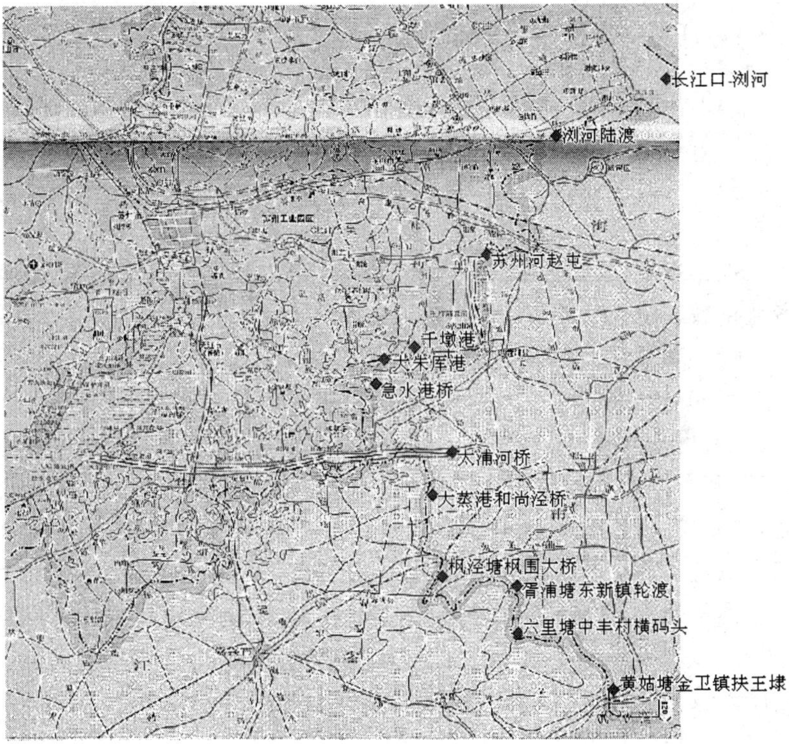

图 4-1 跨界断面位置

4.3 交界断面水质分析

在 15 个跨界断面中，水质目标相一致的有 5 个，占 33.4%，集中在浙江—上海跨界断面上；水质目标相差一个级别的有 8 个，集中在江苏—浙江、江苏—上海跨界断面上，占 53.3%；水质目标相差二个级别的有 2 个，分别为江苏—上海跨界断面的千灯浦口—千墩港和庄大桥—急水港桥，占 13.3%。

4.3.1 江苏—上海交界断面

（1）主要断面与评价因子

跨界河道主要包括黄浦江水系、太湖流域苏州河上游及长江口水系。根据地域分布，选择以下主要监测断面进行年际水质达标分析。

根据水质监测断面数据分析可知，断面主要评价因子是：高锰酸盐指数、BOD_5、NH_3-N、TP。

（2）断面水质年际变化

2000—2005 年各个断面高锰酸盐指数年际变化呈现平缓下降趋势。除姚港—浏河和浏河水闸—陆渡有下降的趋势之外，BOD_5、NH_3-N 和 TP 年际变化均呈现上升的趋势。高锰酸盐指数在千墩港、大朱厍港、急水港桥超标率是 100%，千墩港最大超标倍数为 0.95；BOD_5 在千墩港、急水港桥超标率分别为 72.22% 和 83.33%，太浦河桥最大超标倍数为 0.97；NH_3-N 在千墩港、急水港桥和赵屯超标率是 100%，除姚港之外，其他断面也有不同程度的超标，千墩港的最大超标倍数为 14.42；TP 最大的超标率在急水港桥为 94.44%，浏河水闸的最大超标倍数为 19.30（表 4-4）。

表 4-4 江苏—上海交界断面水质现状分析

断面 \ 评价因子		高锰酸盐指数		BOD_5		NH_3-N		TP	
		超标率/%	最大超标倍数	超标率/%	最大超标倍数	超标率/%	最大超标倍数	超标率/%	最大超标倍数
1	千灯浦口	0.00	0.00	11.11	0.23	61.11	2.30	11.11	0.36
	千墩港	100.00	0.95	72.22	0.95	100.00	14.42	83.33	3.36
2	界标	0.00	0.00	0.00	0.00	16.67	0.64	11.11	0.07
	太浦河桥	94.44	0.63	33.33	0.97	72.22	3.30	50.00	1.00
3	朱厍港口	38.89	0.20	22.22	0.25	27.78	2.15	27.78	0.29
	大朱厍港	100.00	0.64	27.78	0.75	83.33	3.30	83.33	2.26
4	周庄大桥	0.00	0.00	33.33	0.27	94.44	2.89	66.67	0.27
	急水港桥	100.00	0.45	83.33	0.65	100.00	10.80	94.44	3.72

断面	评价因子	高锰酸盐指数		BOD_5		NH_3-N		TP	
		超标率/%	最大超标倍数	超标率/%	最大超标倍数	超标率/%	最大超标倍数	超标率/%	最大超标倍数
5	赵屯	0.00	0.00	22.22	0.20	94.44	3.09	38.89	0.50
	赵屯	0.00	0.00	22.22	0.42	100.00	3.88	83.33	1.68
6	姚港	0.00	0.00	0.00	0.00	0.00	0.00	0.00	0.00
	浏河	0.00	0.00	0.00	0.00	38.89	0.52	11.11	1.59
7	浏河水闸	16.67	0.40	16.67	0.43	61.11	4.93	66.67	19.30
	陆渡	0.00	0.00	11.11	0.31	66.67	1.69	44.44	2.07

4.3.2 江苏—浙江交界断面

（1）主要断面与评价因子

跨界河道主要包括杭嘉湖水系、太湖流域水系。根据地域分布特征，选择以下主要监测断面进行年际水质达标分析。

根据水质监测断面数据分析可知断面主要评价因子是：高锰酸盐指数、BOD_5、NH_3-N、TP。

（2）断面水质年际变化

根据监测断面水质数据显示，江苏各个断面高锰酸盐指数呈上升趋势，2005 年各断面数据都达到最高点，基本在 5.6～9 mg/L；浙江各个断面 COD 在 2001 年与 2004 年都达到最高点，污染浓度基本相同，年平均值在 5～10.5 mg/L，最大超标倍数高达 1.23 倍。

江苏各个断面 BOD_5 呈略上升趋势。上海各个断面 BOD_5 呈平缓下降趋势，最大超标倍数 2.72 倍。

江苏各个断面 NH_3-N 在 2001 年浓度都达到最大值，平均值在 0.8～1.4 mg/L，最大超标率达 83.33%；浙江各个断面 NH_3-N 年浓度趋势略有上升，2005 年年平均值在 1.25 mg/L，最大超标倍数高达 1.64 倍。

各个断面 TP 年际变化趋势不明显，除浔溪大桥、南浔分别满足水质目标Ⅳ、Ⅲ类之外，其他都超标，其中乌镇北超标率达 83.33%，最大超标倍数为 1.95（表 4-5）。

表 4-5 江苏—浙江交界断面水质现状分析

断面		高锰酸盐指数 超标率/%	高锰酸盐指数 最大超标倍数	BOD$_5$ 超标率/%	BOD$_5$ 最大超标倍数	NH$_3$-N 超标率/%	NH$_3$-N 最大超标倍数	TP 超标率/%	TP 最大超标倍数
1	浔溪大桥	0.00	0.00	0.00	0.00	0.00	0.00	0.00	0.00
	南浔	0.00	0.00	50.00	0.45	22.22	0.29	0.00	0.00
2	王江泾	5.56	0.04	38.89	2.72	5.56	0.90	33.33	0.30
	北运桥、王江泾	94.44	1.23	94.44	2.00	44.44	1.38	46.67	0.72
3	乌镇	0.00	0.00	0.00	0.00	0.00	0.00	16.67	1.79
	乌镇北	38.89	0.77	11.11	0.18	83.33	1.64	83.33	1.95

4.3.3 浙江—上海交界断面

（1）主要断面与评价因子

跨界河道主要包括黄浦江水系、太湖流域和京杭运河。根据以上地域分布，主要监测断面中选择以下断面进行年际水质达标分析：根据水质监测断面数据分析可知断面主要评价因子是：高锰酸盐指数、BOD$_5$、NH$_3$-N、TP。

（2）断面水质年际变化

根据监测断面水质数据显示，各个断面的高锰酸盐指数变化趋势不明显，上海监测断面的水质略好于浙江省监测断面。浙江来水断面高锰酸盐指数浓度基本上在 5～10 mg/L，上海断面高锰酸盐指数浓度基本上在 6～8 mg/L。各断面高锰酸盐指数浓度在 2004 年都较高，最大超标倍数 1.39。

浙江各个断面 BOD$_5$ 在 2002 年浓度都达到最大值，此后三年呈略下降趋势。上海各个断面 BOD$_5$ 在 2004 年浓度都达到最大值，基本在 6 mg/L，最大超标倍数 2.74。

浙江各个断面 NH$_3$-N 在 2002 年浓度都达到最大值，平均值在 3～5 mg/L，此后三年呈略下降趋势，最大超标率达 100%，上海各个断面 NH$_3$-N 年平均值呈上升趋势，2005 年年平均值在 2～5 mg/L，最大超标倍数高达 7.24。

浙江各个断面 TP 在 2003 年浓度都达到最大值，平均值在 0.3～0.7 mg/L，此后三年呈略下降趋势，最大超标率达 100%，最大超标倍数高达 3.78。上海各个断面 TP 在 2003 年浓度都达到最大值，平均值在 0.4～0.7 mg/L，此后两年呈下降趋势，最大超标率达 100%。见表 4-6。

表 4-6 浙江—上海交界断面水质现状分析

断面＼评价因子		高锰酸盐指数		BOD_5		NH_3-N		TP	
		超标率/%	最大超标倍数	超标率/%	最大超标倍数	超标率/%	最大超标倍数	超标率/%	最大超标倍数
1	红旗塘大坝	94.44	1.39	5.56	0.05	5.56	0.06	77.78	0.61
	和尚泾桥	50.00	0.35	22.22	0.74	50.00	0.38	38.89	1.18
2	青阳汇	100.00	0.81	100.00	2.14	100.00	7.03	100.00	3.30
	胥浦塘—东新镇轮渡	61.11	0.72	55.56	1.25	100.00	7.24	94.44	3.78
3	小新村	94.44	1.08	88.89	2.74	88.89	4.12	100.00	2.56
	中丰村横码头	58.82	1.27	58.82	1.38	76.47	3.41	94.12	3.14
4	金桥	—	—	—	—	—	—	—	—
	金卫镇扶王埭	35.29	0.50	29.41	1.32	66.67	4.11	76.47	1.27
5	枫南大桥	100.00	0.80	52.94	0.25	100.00	4.33	100.00	2.09
	枫围大桥	61.11	0.57	66.67	1.61	100.00	6.01	100.00	2.94

从表 4-4、表 4-5、表 4-6 分析结果可知，在两省一市 15 个跨界断面中：高锰酸盐指数达标的占 36.7%，BOD_5 达标的占 16.7%，NH_3-N 达标的占 10%，TP 达标的占 10%。

饮用水水源地水质达不到国家规定的标准要求。浙江与江苏饮用水水源地跨界断面南浔 BOD_5 指标没有达到Ⅲ水质标准，最大值达到 5.79 mg/L。浙江与上海 5 个饮用水水源地跨界断面高锰酸盐指数、BOD_5 和 NH_3-N 都超过Ⅲ类水质标准。上海与江苏饮用水水源地跨界断面姚港各指标基本达到Ⅱ类水质标准，其余水源地跨界断面都超出了Ⅱ类水质标准。

（1）各因子全部达标断面

江苏—上海交接断面：姚港—浏河断面中姚港；江苏—浙江交接断面：浔溪大桥—南浔断面中浔溪大桥，各因子均满足水功能区水质目标要求。

（2）各因子部分超标断面

“两省一市”交接断面各因子部分超标断面见表 4-4、表 4-5、表 4-6。

（3）各因子全部超标断面

浙江—上海交接断面：青阳汇—胥浦塘—东新镇轮渡断面中青阳汇各因子全部不满足水功能区水质目标要求。

4.4 长三角跨界水环境管理模式

4.4.1 长三角区域跨界水环境管理存在的问题

通常流域水污染治理要求“谁污染、谁治理，谁治理、谁受益”的治理原则。而在现实中，常会出现流域中下游的治理主体需要为上游的污染排放“买单”的情况，这直接打击了治理主体的积极性，导致跨界水污染治理的失败。以太湖流域为例，跨界水污染的治理存在条块管理、行政分割的问题，简单地说就是“行政区行政”的封闭性与水资源本身的流动性存在矛盾。流域内的各地方政府“必然寻求地方区域边界内的利益最大化，或地方行政区域边界内的治理成本最小化。一方面要防止区域内利益‘外溢’；另一方面要企图由其他主体承担本区域发展成本”。

具体表现为以下三个方面：

（1）缺乏一个统一而又权威管理部门

基于我国水资源治理的“行政区行政”特点，长三角地区跨界水污染治理体制特征可以概括为：“多龙治水、多龙管水。”在跨界水污染治理过程中采用一种多部门参与、多层次管理的体制，表现为国家在地方设有派出机构，流域内各地方政府多头管理，各政府部门按照政府赋予的职能进行分工协作，实行科学化的流域治理模式。

（2）缺少进行政府间协调的组织载体

长三角地区跨界水污染治理不仅需要权威管理部门的领导以及完善的法律制度作为合作的平台，而且也需要进行相互协调与合作的相关组织。长三角地区的政府间的合作常常依赖于两省一市主要领导人的推动。

（3）缺少地方政府间区域合作的法律和制度平台

总体而言，我国政府已经颁布了多项针对水污染治理和水环境保护的法律法规，包括《水污染防治法》《重大水污染事件报告暂行办法》《淮河和太湖流域排放重点水污染物许可证管理办法》等。但是，在"跨界流域的综合治理环境保护方面，缺乏相应的制度安排，关于跨界流域的利用和综合保护、排污标准的确定、如何实现属地管理等问题都缺乏相应的法律规定"。

针对地方政府跨界合作的内容也缺乏相关法律法规的支持。特别是在治理责任划分、污染责任的追究、水污染治理合作的方式手段等方面，存在着不确定性，甚至可以说是"无法可依"的地步。由此，流域内的各地方政府往往出于维护自身利益的需要，相互扯皮、推诿，产生纠纷，其实质就在于陷入了"求之不得"却又"身不由己"的囚徒困境。在现实中，"长三角两省一市之间存在经济利益竞争，跨界水污染问题的背后是区域经济利益的竞争，由于制度安排上的原因，现实中各方从自身经济利益最大化的角度去利用水资源，忽视了水资源的保护意识及他人的资源利用权"。

在跨界河流治理上许多工业发达国家取得了一些成功经验。国外跨界河流域治理，其治理体制类型归结为如下三种模式。

模式 1：国家政府多部门合作治理，由综合流域管理机构负责管理某方面流域跨界事务的模式（美国科罗拉多河流域、英国泰晤士河流域）：国家政府部门及其下辖机构在流域治理中扮演主要角色，流域中某方面问题比较突出时，由专门流域机构经授权处理某项专门事务。

模式 2：国家政府多部门合作治理，流域机构在中央政府领导下进行综合治理的模式（日本淀川流域）：国家多部门参与流域治理，在地方设有派出机构，实施中央政府的集权化管理，流域机构还承担流域的综合开发治理功能并以政府制定政策为指导实行层级化的流域治理；该模式强调法律对各政府部门以及流域治理结构的明确赋权和依法行事。

模式 3：通过协商机制建立的河流协调组织（流域协调委员会）综合治理，赋权于单一流域机构进行跨行政区流域的综合治理的模式（如美国特拉华河流域）：国家在流域治理的职能相对弱化，大部分权利转移到由联邦有关机构和流域内各州政府代表共同组成流域协调委员会中，该协调组织不仅具有开发利用、规划协调等功能，有些机构还拥有制定相关法律的权利。

这 3 类治理模式的共同点为：所有流域治理机构严格按照特定法律体系或强制性协议采取流域管理与区域管理相结合的办法；强化立法、注重合作，参与管理的各机构权责明确。

纵览国外跨行政区水污染治理及流域治理的经验不难发现，我国现行跨行政区水污染治理体制特征与模式 2 日本淀川河流域有一定相似之处："多龙治水、多龙管水"的政府多头管理，各部门按照政府赋予的职能进行分工协作；国家在地方设有派出机构；在中央政府指导下，由特定流域机构负责承担流域综合治理功能，实行层级化的流域治理模式。日本该河流域治理与我国的区别及特点有：在各行政部门之外设立专门的、具有半官半民性质的水资源开发公团，负责统一开发治理日本七大水系水资源；各级政府有关部门对法案法规进行严格执法监督，依法治水管水是日本流域治理的特点。综合上述 3 种模式，为我国跨界水污染治理带来的启示有：

（1）流域治理机构中，应使其成为具有强制性综合管理（拥有制定相关法律及政策）权力的权力机构或协调机构；

（2）建立流域内由地方政府和部门代表参与的决策和议事机构协调中央与地方、地方之间各级部门的矛盾；

（3）形成基于跨行政区流域治理一体化、系统性强的水资源开发管理的法制体系或水资源协商管理模式，并通过各级政府有关部门采取严格执法和监督，依法治水、管水。

4.4.2 长三角区域跨界水环境管理模式

基于长三角地区跨界水污染治理中所存在的主要问题，参考国外发达国家在治理跨界水污染的经验和方法，结合我国现行的行政管理体制，积极推动制度创新，变“行政区行政”为区域公共管理，构建以协商为基础、以政府为主导的区域跨界水污染治理体系。

具体而言，长三角地区跨界水污染的治理要坚持“协商为主、注重合作”的沟通原则和“治旧控新、监建并举”的治理方针，把不断完善水资源管理法律体系和推进权威管理部门的构建作为体制改革的重点，放在突出位置。牢牢把握如何构建流域体系中各个利益相关主体（主要是地方政府）长期的合作与协商机制为难点，通过多种协调手段加强各个利益相关主体之间的合作。健全市场机制，强化社会资本，信任民间社会组织，建立民间参与的高效监督网络。

中央政府应在宏观上进行统一领导，组织成立一个权威的管理机构，并授予其高于长三角各地方政府的流域水资源管理权力。同时积极出台相关的法规政策，有效规范各地方政府的权利及义务。地方政府应在自身权力范围内，加强与相邻政府的合作，同时允许并鼓励各种半官方、民间组织参与跨界水污染的综合防治。此三者之间积极协商，紧密配合，大力构建包括监测预警机制、应急处理机制、流域管理机制、协商合作机制在内的多种合作机制。

以协商为基础、以政府为主导的区域多中心跨界水污染治理体系建设实质上是对现行管理体制的一种变革，不可能一蹴而就，必须走一条“渐进式”的道路。

4.4.3 长三角一体化污染防治以太湖为先导

在长三角的一体化污染防治中太湖是典型的实例。

太湖流域分属于长三角地区的两省一市，江苏占 53%、浙江占 33.4%、上海市占 13.5%，沿湖形成以上海为中心，包含杭州、嘉兴、湖州和苏州、无锡、常州 7 个大中城市、27 个县（市）的太湖流域城市发展圈。太湖流域城市发展圈是长三角的主力。太湖大面积污染，水质整体下降与周边地区经济发展，特别是工业发展密切相关。尽管针对太湖污染，国家环境保护部于 1999 年组织江浙沪三地实施“零点行动”进行治理，但是效果并不明显，相反形势还进一步恶化。

太湖 20 世纪 80 年代初期，水质以Ⅱ类清洁水体为主，占 69%，Ⅳ类只占全湖的 1%。但到了 2004 年，在监测的 21 个点位中，属Ⅳ类、Ⅴ类、劣Ⅴ类水质的点位比例分别为 19.0%、23.9%和 57.1%，无优于Ⅲ类的水体。全湖平均营养状态指数为 61.4，处于中度富营养状态。水质综合评价，Ⅱ类水质断面比例占 1.1%，Ⅲ类占 12.6%，Ⅳ类占 28.4%，Ⅴ类占 15.9%，劣Ⅴ类占 42.0%。

太湖地区是长三角的重要组成，是长三角重要的经济区域，太湖污染治理涉及长三角地区水污染防治的成败。作为中国五大淡水湖之一的太湖，20 世纪 90 年代以来污染不断加重。流域大量未经处理的工业废水和生活污水进入太湖，太湖已不堪重负。水质不断恶化，沿岸的水面长满了绿藻和水葫芦。每逢夏秋季节，湖上还会飘来一阵阵难闻的异味，太湖失去了使用功能。太湖污染早已受到中央和地方的高度重视。频频发生在太湖流域的跨界污染和现行的行政分割体制之间的不协调，已经成为了导致太湖环境质量总体恶化的一个主要因素。

（1）建立健全流域的生态补偿机制

借鉴国外的生态补偿机制等，构建流域水污染治理一体化的一系列合作机制。生态补偿机制是指，当上游水环境优于约定标准时，由下游区域补偿上游区域，而当上游水环境低于约定标准时，由上游区域补偿下游区域。

生态补偿机制是有硬约束力的考核机制。现行水污染防治制度安排存在片面性，只重视对污染企业的管制和监督而缺乏对行政区域及其地方政府水环境保护责任的科学考量和奖惩机制，实践反复证明，如果缺失对流域内行政区域及其地方政府水污染防治考核的制度安排，跨界水污染就不会根本好转。

生态补偿机制是一种具有硬约束力的考核机制，只有通过这一制度安排，才能使各级地方政府真正在太湖治污上有动力。

这一补偿机制一旦建立，地方政府官员就必须在加强治污和提供补偿之间作出选择，这就能有效改变目前一些地方政府执法不严的不良行为，并促使其自觉去调整升级产业结构，改变经济增长方式，长三角环境友好型社会才有望真正实现。

（2）建立联合检查预警机制

实地调研，发现太湖流域污水治理速度远跟不上排污量的增加，造成湖泊富营养化加剧和河网水质恶化，尤其是太湖北部湖湾成为富营养化最严重的水域。太湖流域管委会课题组特别提出，太湖流域应强化政府合作平台，构建起一套流域水污染治理合作机制，建议成立由国家发改委、水利部、环保总局、太湖流域各省市政府及有关部门、用水户代表参加的太湖流域管理协调委员会。

针对目前太湖流域水环境监测多头管理的现状，建议建立水环境监测与信息共享平台，对流域省界河流、湖泊等主要断面实施联合监测，同时，上下游不同行政区域之间要建立水污染防治信息的互通机制，除了互通存量水污染企业的现状、环评信息，水污染防治措施外，特别是一旦发生边界水质异常或上游发生大面积水污染时，上游方应及时主动向下游方通报。

太湖流域内上下游行政区域之间的政府可以分别委托环保部门成立联合检查队，对可能造成边界水污染的企业进行联合检查，及时妥善处理，阻止可能发生的水污染事故。

目前的流域管理体制不能有效地解决流域性问题，与地方行政管理难以有效衔接，流域机构缺少利益相关方的参与，同时也缺乏统一的流域水环境监测体系和预警应急机制。

4.4.4　长三角一体化污染防治中应重视城市化对水质的影响

长三角地区水量丰富，水资源条件在我国属得天独厚，但由于城市化高速发展，人口的大量聚集，人均占有水量并不多。加之用水结构尚未稳定，城市水安全问题不容忽视。在长三角区域发展过程中，一体化污染防治中应重视城市化对水质的影响，必须考虑城镇化对径流的长期影响和流域的水污染。不仅应遵循河网演化的自然规律，减小洪水的威胁，还应当避免城市的废污水直接排入河流，以改善河网的水质和水生态环境。只有这样，才能保护城市区域水生态与水环境，保障城市水安全并实现水资源的可持续利用。

4.4.4.1 长三角地区城市化对水环境的影响

城市化的发展直接或间接地改变着城市水环境。由于城市化使城市河道改变了天然河流的自然形态，侵占了河流系统的活动空间，城市河道生态环境遭到破坏。长三角地区城市化、工业化的结果，使长三角地区的各城镇产生大量废弃物，包括工业废水、废弃物，城市生活的各种垃圾及大量的有害污染物。这些污染物进入长三角地区水环境，污染了这一地区河流水质，破坏城市水生态系统平衡，使水域生态功能降低。在长三角地区城市群水体污染方面，由于行政区域划分，环保部门各自为战，受各地政府牵制过多，长三角流域城市污废水只有20%得到处理，大量的城市污废水进入流域水体，恶化和破坏了长三角流域区水质。

如南京市作为一个沿江城市，曾经拥有众多的支流水系，秦淮河、金川河以及清溪河、进香河、珍珠河等，河网纵横交织，水系发达。但城市化的快速发展，对城市天然河流水系产生了严重影响，许多支流小河道由于城市用地的扩展而被侵占、缩窄或以涵管的形式埋入地下，河流长度、面积缩小，河流的数量也在持续减少。到20世纪90年代末，只剩下秦淮河、金川河和杨吴城濠等水体，据不完全统计，十年内南京城区就消失城市较大河流 20 条，全长超过15 km。随着城市化步伐的加快，河流两岸土地的开发利用，城市河流遭到严重损害，大量废污水直接排放入河，远远超过了河水的自净容量，造成河道水质和河床底质的污染，研究区大部分河流目前基本已没有底栖动物存活，许多对人类有益的物种也迅速消失。近年来整个长三角地区枯水期平原河段基本都为Ⅳ～Ⅴ类水，特别是城区段河道水质状况大部分在劣Ⅴ类以上。尽管近年来该地区水质状况有所好转，但仍然存在水环境保护措施滞后等问题。由此可见，在城市化发展过程中走先污染后治理的道路，有悖于自然规律，且恢复原有生态环境的代价也是昂贵和巨大的。

4.4.4.2 长三角地区城市化发展应以保障城市水安全为前提

长三角地区城市化发展对该地区所带来的社会、经济效益固然可观，然而城市化给水资源、水环境及水生态带来的危害却不容忽视。因此，该地区城市化发展进程中必须坚持可持续发展的原则，开发与保护并重，加强水污染防治及水资源、水环境、水生态系统的保护，尤其要注重城市饮用水源地保护工作，从而实现经济、社会和环境的协调发展。

城市水安全将主要考虑的是由于城市水资源短缺、水质污染以及洪涝干旱灾害造成的城市水安全问题，并重点关注城市的供水安全、城市的水质安全和城市的防灾安全。要实现长三角地区城市化地区水安全，必须进行水资源优化配置，确保水资源的持续利用。水资源优化配置则是要在一个特定流域或区域内，工程与非工程措施并举，对有限的不同形式的水资源进行科学合理的分配，其最终目的就是实现水资源的可持续利用，保证社会经济、资源、生态环境的协调发展。要实现该地区水资源优化配置：首先，应对该地区宏观经济状况与城市化的发展、生态环境保护以及水资源利用综合加以考虑，将需水、供水和水质保护并重，并深入分析三者相互依存、相互制约的关系。其次，要采用大系统多目标的决策方法，综合反映不同配置方案对长三角地区各方面的影响，将城市地区发展规划与水资源开发保护相结合。此外，要在合理配置决策分析中保持水的需求与供给间的平衡，污水的排放与水污染治理间的平衡，以及水投资的来源与分配间的平衡，并动态协调各部门之间的关系。只有这样才能保障该长三角地区的水安全。

4.4.5 重视和解决长三角经济发展中的环境问题

长三角地区环境的水质和生态环境对当地社会经济的发展具有举足轻重的作用。但由于污染严重，已对当地城市化进程、工业化进程构成了威胁。如果长三角水资源和生态环境继续受到破坏，经济发展与城乡人民生活将遇到无法克服的巨大障碍。因此，应当采取一系列措施保护水环境和生态环境。

（1）推行清洁生产、发展循环经济

长三角地区进一步发展的环境容量有限，资源紧张。必须科学处理经济发展与资源、环境的关系，积极探索发展循环经济、推行清洁生产。要充分借鉴日本、德国等发达国家的经验，尽快建立循环经济发展模式。积极制定资源循环再利用以及资源回收的政策，探索科学的 GDP 核算体系；大力开发废物资源化技术、清洁生产技术、生态产业链技术、环境工程技术等“绿色技术”；努力推行清洁生产和 ISO 14000 环境管理体系认证，建立生态工业园区；加强研究、开发、引进、推广环保新技术，重点组织开发和示范有普遍有推广意义的资源节约和替代技术、能量梯级利用技术、延长产业链和相关产业链技术、“零排放”技术、有毒有害原材料替代技术、回收处理技术、绿色再制造等技术，突破制约循环经济发展的技术“瓶颈”，实现由末端治理向污染预防的转变。

（2）调整产业结构和布局

长三角由于计划经济体制的影响，分属上海、江苏、浙江 2 省 1 市，行政壁垒并未完全消除，产业结构雷同现象相当严重，产业布局条块分割、重复布点等情况比比皆是。带来的结果便是小型、分散、缺少研发和创新能力。耗水、耗能、污染大的产业如汽车、冶金、重化工、电器等在该地区集中分布。从可持续发展角度看，对区内现有的产业结构和布局应进行调整，对新建项目应充分考虑对区域经济和生态系统的影响；对区内现有污染严重的企业应进行改进、改造或转产，甚至停产或搬迁；鼓励发展科技先导型、资源节约型、环境保护型的产业和产品，逐步形成经济效益、社会效益和生态效益相统一的工业布局结构；科学规划和组织协调不同生产部门、不同地区的生产布局；对布局分散的乡镇企业统一规划布局，以提高经济效益，减少对资源环境的压力和污染。

（3）加强环境科学和污染治理技术的研究

长三角经济高速发展带来的环境问题带有工业化中后期的特征，加上特殊的自然地理条件，许多环境问题还有待进行深入研究。其中长三角流域跨界污染问题，长三角农业面源污染，太湖等湖泊水体富营养化的过程与机理，长三角固体废弃物资源化安全利用与污染治理，土壤污染形成机制与农产品质量安全措施，地表水和地下水环境的生物修复，大尺度定量化信息技术的环境应用，环境污染检测、监测及风险评价的方法、标准和管理法规体系等。

5 长三角区域跨界水环境一体化流域管理创新性研究

5.1 应建立新的流域概念

5.1.1 流域生态系统科学中常用的基本概念

流域（watershed）或集水区（catchment）是指由地形确定的河流某一排泄段面以上的积水面积的总称。流域是一个有边界线的水文单元，一个可以对自然资源进行综合管理的单元。流域组成包括流域边界、河川径流、土壤与母质基岩、动植物、微生物以及人类社会经济成分。流域的物理边界常由上边界的地表（地形及人为排水系统）和下边界的地下水文地质条件决定。流域面积可大可小，较大的大江大河流域（basin），如长江、黄河、松花江、太湖流域是由无数个小流域组成。可以说，任何一个流域都会嵌套在另外一个大的流域中。尽管一个流域在降水—地表径流过程上是相对封闭的，但流域与周围其他流域通过地下水域或大气与外界还是有能流、物流交换的，而人类活动更不只局限于一个流域物理边界内进行。

流域生态系统过程（watershed ecosystem processes）是指流域系统中非生物、生物及人类社会经济的功能过程，包括水循环、能量流、养分循环、碳循环在内的生物，物理和地球化学过程以及人类活动对这些过程的影响。值得强调的是，流域水循环在整个生态系统过程中的主导作用，水是生态系统能流和物流的载体。只有真正了解并量化大气降水在流域中的运动途径和转换机制才能搞清楚流域中其他生态过程及在受干扰（disturbance）条件下的影响机制。

流域管理（watershed management）在中国又称流域治理、流域经营及集水区经营（王礼先等，1999）。流域管理一词多为林业、土壤保护部门使用（Hewlett，1982）。在美国最早于 1944 年由美国林业者学会（society of American Foresters）定义为："流域管理就是管理流域内的自然资源，其主要目的是为了提供和保护以水为基础的资源，其中包括控制土壤侵蚀和洪水，保护与水有关的观赏价值。"

流域生态系统管理（watershed ecosystem management）就是以流域为单元，应用生态系统基本原理，合理保护、开发水、土及其他自然资源，兼顾流域上下游水文关系，提高生态系统生产力，实现生态效益、经济效益、社会效益同步持续发展，达到资源永续利用。流域管理措施包括改变土地利用、土地覆盖在内的工程与生物措施，规划与经济法律手段等综合措施。流域生态系统管理强调陆地系统与水生系统的综合，地表水与地下水的综合管理，总体目标是要保证流域生态经济系统的长期可持续发展。实践证明以流域为单元管理自然资源最为合理、行之有效。

以流域为单元进行资源管理的理论基础和主要优势有四点，即：

（1）管理好流域水资源是管理好其他资源的基础，而水分总是从坡地汇流后流入河道，然后从上游流向下游，最终流出流域出口。因此管理水资源必须从流域源头入手才能解决问题。诸如坡面水土流失面源污染造成的河道淤积，下游湿地、湖泊等水生态河流建设，生态系统影响需要流域为单元，协调上下游自然与人为供水、需水等。

（2）以行政区划管理部门管辖的区域为单元进行流域规划和治理会很难协调各部门的利益关系，不能实现资源最佳组合和实施流域综合保护措施。

（3）以流域为单元进行环境监测和研究有利于各部门和各学科之间的合作与协调，减少重复劳动，增强互补性，从而节省时间与开支。

（4）流域管理多数还属政府行为，但涉及当地群众的切身利益，需要当地群众的直接参与来解决各方面的矛盾和冲突。该过程有利于提高当地群众自愿参与流域治理的积极性，提高集体意识，促进社会发展。最近国际上兴起的“参与式”流域管理模式（participatory watershed management）实践证明效果良好，尤其是在发展中国家为解决农村贫穷与环境保护的矛盾，改善和加强，人与自然和谐关系开辟了一条新路。

流域生态与流域管理学的研究领域，在近代得到加强和拓宽，主要表现在：

（1）研究内容从传统的研究自然流域，拓展到研究人为或自然干扰条件下的水文规律及流域过程，研究如何管理流域而发挥其生态水文效益。如湖滨植被带对净化水质的作用；森林道路对径流形成机制、径流路径、洪峰流量的影响；森林火灾、病虫害及森林采伐对水文的影响。

（2）研究尺度从传统的小流域向大流域、区域尺度乃至全球尺度扩展，同时，重视研究小尺度水文径流过程（土壤水文）向其他更大的流域尺度转换。

（3）多种学科领域的交叉与综合。因为水在流域生态系统中的主导与连接性作用，流域生态系统中的一些主要功能（水循环、泥沙与河流形态等）过程都相互作用、相互影响。这就充分表明了流域生态系统是一门跨越众多学科的综合性学科。近来，建立起来的生态系统理论、耗散结构理论、系统动力学等为研究流域系统提供了基础与手段。

（4）以遥感集成地理信息系统、计算机模拟技术为主导的空间信息技术在流域资料获取、资料加工、水文预报、流域管理中得到广泛应用。随着这些技术的普及，流域管理者能够在决策中更加迅速及时与高效。

流域生态系统管理作为一门以生态系统理论为基础，以新兴现代管理自然资源的技术为手段的综合性学科已被国内外广大资源管理者所接受。

5.1.2 流域水环境一体化管理的成功例证

我国跨界水环境管理方面已形成有“松辽管理模式”。20 世纪 60 年代以来，松花江污染十分严重，尤其是哈尔滨的松花江 300 多万人口的饮用水水源地污染令人担忧。为适应松花江污染防治的需要，70 年代末，国务院批准成立了由吉、黑两省人民政府和国家有关部门参加组成的松花江水系保护领导小组，80 年代扩大为由辽、吉、黑、内蒙古和松辽水利委员会组成的松辽水系保护领导小组，并成立了专门的领导小组办公室作为办事机构，形成了流域管理与区域管理相互配合、全流域管理与重要支流流域管理有机结合的条块结合式“松辽管理模式”。这一模式得到了国家有关部门的肯定，并被称为是符合中国国情的管理模式。

在具体运行中，由于充分依靠四省（自治区）人民政府，积极发挥领导小组办公室的职能作用，同心治污，合理治水，有效地控制了松花江污染恶化的趋势，部分江段水质已有所好转。

多年来，松辽流域水资源保护始终坚持流域管理与区域管理结合，水质与水量并重，针对主要的环境问题搞好跨省协调，同时环保与水利部门协同作战，开展了大量的工作，为流域的综合整治、水环境改善发挥了一定的作用。先后完成了 120 多项大中型水利水电工程等方面的水质监测、环境影响评价、环境工程设计以及科研等工作，制定了一系列的松辽流域水资源保护的法规、标准、条例，会同四省（自治区）确定 6 批 277 项大中型企业限期治理项目，成功地组织水利、环保部门开展汛期、冰封枯水期预防水质恶化的监督检查。松花江流域的吉林省和黑龙江省联合行动历时 8 年完成《松花江甲基汞污染综合防治与对策研究》重大课题，取得了世界领先水平的重大科研成果；编制的松花江、辽河、北水南调三大水资源保护规划，完成的松辽流域 82 个县市、533 个排污口、48 个支流入河口、1 200 多个重点污染源的调查和实测等工作，在流域水污染防治和水资源保护工作中发挥了较大作用。

5.1.2.1 机构的历史沿革

1978年经国务院批准，成立了松花江水系保护领导小组，领导小组下设办公室（按地师级设置）。当时，领导小组有吉、黑两省人民政府和水电部、化工部、冶金部、轻工部、卫生部、国家科委六个部委参加。后来，根据工作需要，又增补石油部、纺织部、建设部、农牧渔业部、内蒙古自治区和国务院东北经济规划办公室作为领导小组成员单位，使领导小组机构得到了充实，力量进一步加强。为完善管理体制，实行干流支流分级管理，1984年，经水系保护领导小组批准，又建立了嫩江、牡丹江、辉发河、饮马河四个支流污染防治领导小组及办公室。1984年3月，国家批准松花江水系保护领导小组办公室并入水利部松辽水利委员会，成立松辽水资源保护局，受水电部、城乡建设环境保护部双重领导，并继续作为领导小组的办事机构。1987年9月，经国务院环境保护委员会批准，又将松花江水系保护领导小组扩大为松辽水系保护领导小组，增补辽宁省、中国石化总公司、中国有色金属总公司为成员单位。

1990年5月8日，水利部关于批准水利部松辽水利委员会“三定”方案中规定，松辽水利委员会受水利部、国家环境保护局委托领导松辽水资源保护局，该局为地师级。

5.1.2.2 职责

（1）贯彻执行水利部、环境保护部的方针、政策和法规，协助水利部、国家环境保护部草拟水系水体环境保护法规与条例。

（2）牵头组织水系干流所经省、市、自治区的环境保护部门，制订水系干流的水体环境保护长远规划及年度计划，报环境保护部、水利部批准实施。

（3）协助环境保护主管部门，审批水系干流沿岸修建的工业交通等工程以及有关大中型水利工程对水系环境的影响报告书。协助各级环境保护主管部门监督检查新建、技术改造工程项目对水体保护执行“三同时”的情况。

（4）会同各级环境保护部门监督不合理利用边滩、洲地，任意堆放有毒有害物质，向水体倾倒和排放废弃物质造成的环境和生态破坏。

（5）在全国环境监测网的指导下，按商定的统一监测方法和技术规定，组织协调该水系的水体环境监测，掌握水质状况，提出干流水质监测报告，报送环境保护部、水利部，并供沿岸各环境保护和水利主管部门及其监测站使用。

（6）开展有关水系水体环境保护科研工作，如水体环境质量、环境容量、稀释自净规律及水利开发、工程建设对环境的影响和评价等。

（7）协调解决跨省（区）的重大水环境纠纷，组织流域内环保、水利等有关部门，依法保护水资源。

5.1.2.3 内涵

（1）模式结构及其特点

松辽水资源保护局实行水利部、环境保护局双重领导，以水利部领导为主；同时，作为松辽水系保护领导小组办公室，管理体制模式的基本结构见图 5-1。

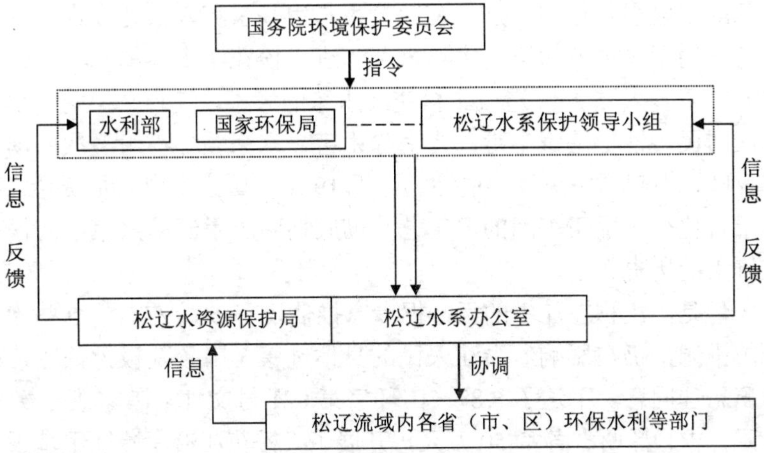

图 5-1 模式结构

模式结构的基本特点：

①松辽管理模式是各条块组成，流域与区域管理相结合的典型结构。

②模式结构是封闭体系，因此可以保证指令输出畅通，信息反馈及时，构成良性循环系统，能够保证其管理的有效性。

③模式结构具有多层次、综合性特点，因此，指令方位多，服务跨度大，对当前水资源保护这个复杂的系统工程来说，此结构是适用的、科学的。

④模式结构是经纬组合体，因此，具有统一性与网络性特点。

⑤该模式结构的性能决定，水系管理可以借助四省（区）领导及中央 12 个部委的权力性影响力，实行有效的水资源保护，因此，是具有一定的权威性特点的。

（2）模式运用的指导思想

概括之为 32 个字，即“宏观控制，依法保水；科学管理，规划指导；监督检查，重点协调；联合治污，有效服务”。

（3）模式功能

①宏观控制功能。从全流域出发，对重大污染采取宏观控制，综合治理。如 20 世纪 50 年代末，吉林化学工业公司电石厂醋酸车间乙醛工段用汞作催化剂，使部分汞与甲基汞流入松花江水体。加上其他用汞单位的污染，多年来共计进入松花江水体的无机汞约有 149 t，甲基汞 5.2 t，造成了松花江水系的汞害，使吉、黑两省部分沿江居民慢性甲基汞中毒。为消除汞害，水系领导小组多次向国务院反映，引起了中央领导的注意。于 1982 年国家拿出大量资金，改革了吉化公司用汞车间的旧工艺，彻底切断了汞源，结束了向松花江排汞的历史。

但是，沉积在江中的汞，据专家推估还有 50 t 左右，这些次生汞污染源，仍在影响着沿江人民的身体健康。国务院极为关注，经李鹏总理同意，下达了（87）国环字第 021 号文件，国家拨专款 80 万元，吉、黑两省各拿 50 万元，开展了“松花江沿岸慢性甲基汞中毒综合防治工作”。吉林化学工业公司本着对人民负责的原则，又投资256万元，把用汞车间彻底拔除；将含汞高的污染物近6 000 t运往贵州省汞矿回收；含汞低的构筑件，经过环境评价作安全掩埋，至此，老汞源彻底消除。

②协调服务功能。水系上下游、左右岸的互相影响，只有通过水系领导小组或办公室方能及时解决。如1989年冬季，由于丰满大堤维修，库容只剩8亿m^3，加之本年是枯水年，水量十分不足。进入1990年1月份，吉林省抚余市、黑龙江省哈尔滨市“水情告急！”哈尔滨部分居民三次申请要求上街游行，在这关系到稳定大局，人民健康的大事面前，松辽水系保护领导小组于1990年1月6日在哈尔滨召开了有吉、黑两省副省长、市长、水利厅长、环保局局长以及能源部、东北电管局、白山、丰满电厂等单位领导参加的紧急协调会。采取加大放流，控制排污，停产检修，饮用水深化处理四项措施，安全有效地度过了枯水的冬季，得到了哈尔滨市政府和人民的高度赞扬。

③监督检查功能。松辽水资源保护管理模式具有很强的监督检查功能。1978年以来，松花江水系保护领导小组与吉、黑两省人民政府联合下达了四批限期治理项目，共计214项。这些限期治理项目大部分已经完成，完成的项目获得了较明显的经济效益、社会效益和环境效益。据初步统计，已完成的152个限期治理项目总投资2.404 6亿元。共建成污水处理设施146套，氧化塘7座，日处理废水56万t，每年少向江中排放污染物16.5万t。

松辽水系保护领导小组于1989年又下达了第一批限期治理项目19项，正在检查验收中。

④规划指导功能。流域管理在某种意义上说是规划管理。遵循规划目标，协调各省（区），统筹全流域。目前，已制定出《松花江水资源保护规划》和《辽河水资源保护规划》，已通过专家评审及两部审查。

⑤信息反馈功能。国务院环委会、水利部和国家环境保护部的指令下达后，流域内执行的情况，水系领导小组有责任及时向上级反映或汇报，为信息传递输通道路。如国务院环委会（87）国环字

第 021 号文件下达后，执行受阻，水系领导小组多次行文向国家反映，最后解决了问题，使甲基汞综合防治工作得以顺利开展。

（4）模式发育的先天不足

“松辽模式”是时代的产物，有一定的适用性和现实意义，但模式结构的本身有些先天不足之处，如：

①水系保护领导小组是个“松散联盟”，其主要成员皆是重任在身，水系工作是“额外负担”，不可能连续的重点考虑水系问题，因此，水系问题的决策往往出现“断层”或“峰—谷”现象。只有通过水系办公室积极有效的开展工作，才有可能产生一定的补偿效应。

②这种模式结构其主要办事部门如水资源保护局（办）均为事业单位，虽具有一定行政职能，但缺乏政府功能。因此，它的权力性影响力小，主要是靠非权力性影响力办事。这样，结构中的单元细胞即工作人员的素质、能力就起决定作用了。

③这种模式结构在组织关系上有些不顺，因此，在水利部与国家环境保护部之间的模糊界面中难以发挥更大作用。

④在当前国情国力条件下，这种模式结构是适用和有效的。但是，从长远和发展的观点看，它不是最理想的管理模式，应在动态发展中加以修正和完善。

（5）完善模式的思考

从结构与功能上看，有如下五点看法：

①吸收辽、吉、黑、内蒙古四省（区）水利厅参加水系领导小组，完善模式结构的组织部分，强化水质水量并重的意识。

②利用模式结构的五大特点，充分发挥其五大功能，强化管理机制。

③站在宏观和流域的高度，制定和完善流域水资源保护规划，坚持“规划、协调、监督、指导”八字方针。

④要在流域内广泛开展节水教育，推广节水技术，强化人们水的资源观念和价值观念。采取联合治水的网络化措施，努力开新水之源，节污水之流。

⑤在运用“松辽模式”时，必须坚持：水质与水量并重；流域管理与区域管理结合；总量控制与浓度控制同步；点源治理与面源治理并进的原则。

⑥依法治水，控制污染。规划控制是“预防为主、防治结合”方针的具体体现，是战略性措施。其功能是：在目标控制，总量控制约束下，协调污染源系统和水环境系统之间的关系，最大限度发挥水环境系统的自净能力，其目的是在环境效益、社会效益和经济效益均优的条件下，使水环境质量达到最优化程度。

为了保护水资源，必须健全法制，完善管理模式，强化管理。依靠科技进步，探索自然保护，环境治理，资源利用的合理途径，为祖国繁荣和人类生存作贡献。

5.1.3 东北地区水资源一体化管理研究

水是基础性自然资源、战略性经济资源和公共性社会资源。水资源一体化管理是针对区域和流域内的水资源进行的统一和综合管理，是区域水资源安全的根本保证，也是区域整合的基础之一，在中央提出的振兴东北等老工业基地政策的激励下，东北地区（指辽、吉、黑三省加上内蒙古自治区四省区，下同）在经济、社会、生态领域发展态势喜人的同时，又适时地提出区域整合的战略构想。作为区域整合的重要组成之一，东北地区水资源一体化管理的发展成果对东北地区区域整合的效果具有基础性的作用。

5.1.3.1 水资源一体化管理在东北地区区域整合中的地位

东北地区是我国重要的商品粮生产基地、重化工业基地、装备制造业基地，石油、煤炭、森林等能源和原材料供应基地，肩负着21世纪我国粮食安全、能源安全、生态安全、全球制造业工厂的重任。通过区域整合发展，形成东北地区的整体安全和区域竞争力，是完成这一历史重任必由之路。而这其中每一项重任的完成都离不开水资源的安全保障。而“水安全”的获得，只有走一体化管理之路。因此，东北地区必须通过水资源的一体化管理来提高区域整体的水资源利用效率，必须始终以建设节水型社会作为区域整合的一条重要途径。

（1）水资源一体化管理贯穿东北地区区域整合的始终

在东北地区区域整合中，要实现水资源可持续利用，就必须始终围绕水资源一体化管理的发展目标进行。在区域整合的早期，水资源一体化管理的形式较为简单，以国家分流域统一管理为主，各行政区自行综合管理为辅；在区域整合的中期，水资源的流域管理和行政区域管理逐渐结合、相互补充；在区域整合的末期，区域水资源管理实现流域和行政区域的有机结合，为区域的整合发展提供基础。目前东北地区水资源一体化管理的水平处于中期阶段，形成了流域机构宏观管理与东北四省区具体管理相结合的水资源管理格局。

（2）水资源一体化管理是东北地区区域整合的缩影

水资源一体化管理是个世界性难题，牵涉多个利益主体（国家、地方、企业、民众），需要政府、市场和公众的共同参与，同时又有区域管理和流域管理相互交叉。而东北地区区域整合更是涉及国家、省区、企业和民众的多方利益，计划经济时代的条块分割、各自为政现象依然暗存。区域整合发展的实现，同样也需要协调好各方利益，做到公平与效率兼顾、整体与个体“双赢”。

（3）水资源一体化管理是东北地区区域整合成功的重要标志

水资源一体化管理的基本目标是扩大供给、降低消耗和优化供需，其实质就是提高区域和流域水资源的利用效率，实现水资源开发利用的可持续发展，建设覆盖全区的节水型社会。而这与区域整合的目标是并行不悖的，因为，区域整合的基本原则之一就是强调效率，通过建设节约型社会，实现区域整体利益最大化。因此，能否建立起区域内的水资源安全体系，将成为东北地区区域整合成效的重要标志之一。

5.1.3.2 东北地区水资源一体化管理发展的现状分析

优势与特点：

（1）“松辽管理模式”卓有成效

“松辽管理模式”是指松辽水系保护领导小组的工作模式，是现阶段我国七大流域水资源保护工作中唯一由省级政府领导人直接领导的管理模式。松辽水系保护领导小组是在1978年国务院批准成立的松花江水系保护领导小组基础上扩大成立的，至今已有30年历史。领导小组由吉林省主管省长任组长，辽、黑、内（自治区）主管省长（主席）及松辽水利委员会主任任副组长，其他成员由四省区水利、环保行政主管部门及松辽流域水资源保护局负责人组成。“松辽管理模式”的基本特点：一是流域与区域相结合，既有利于从流域整体考虑问题，又有利于兼顾区域利益；二是区域与区域相联合，既有利于协调关系增进友谊，又有利于联手共事改善区域水环境；三是行业之间相联合，既有利于职能互补，又有利于形成合力；四是部门之间配合，既有利于多方配合综合治理，又有利于联合执法统一行动。

（2）水资源规划体系成果颇丰

自1982年水利部松辽水利委员会成立以来，依据《水法》、《行政许可法》、《水土保持法》、《水污染防治法》等中央水资源管理法律、法规，结合东北地区的水资源实际，形成了一系列水资源规划的研究成果。东北地区目前已经形成了覆盖全区的松辽流域水资源综合规划、水资源保护规划、水功能区划、与水有关生态环境保护规划等水污染防治规划、防洪规划、东北黑土区水土流失综合防治规划、国境界河整治规划、蓄滞洪区安全建设规划、松花江甲基汞污染综合防治与对策研究、湿地生态环境管理、生态用水及控制性指标研究等较为完善的资源规划体系。

（3）水资源安全体系逐渐成形

截至2005年底，流域内已建成堤防约4.6万km^2，大型水库64座，中型水库244座，年末蓄水总量为279.08亿m^3；进行了“大伙房输水”“引观入本”“引碧入连”“引洋入连”“引松入长”“引嫩入白”等城市调水，以及“引察济向”“引嫩入扎”“引海（海拉尔河）济呼（呼伦湖）”等生态调水的区域内调配；启动亚行贷款松花江洪水管理项目；四省区共同启动6批277项松辽流域内限期治理项目；协同防控松花江重大水污染事件和牤牛河水污染事件；积极完成松花江化冰期污染防控、拉林河省界水质超标、雅鲁河省界水质超标等省界缓冲区水质调查等。这一系列动作，为东北地区整合发展和一体化进程，在水资源安全供给、防洪减灾、水生态环境保护的“三大保障体系”上打下了坚实的基础，已经成为东北地区社会、经济、生态协调与可持续发展的重要保障。

（4）区域水资源管理信息化建设加快

水资源管理信息化是区域水资源一体化管理的重要的技术支持和安全保障。目前，松辽委已经基本完成了管理信息系统构建：一是实现信息网络化，完成松辽委网站建设和内部局域网建设，网站于2000年开通；二是实行信息规范化，相继完成松辽委水利信息化《规划》、《总体设计报告》、《建设管理办法》、《松辽委计算机网络管理办法》等规划和制度；三是实现信息系统化，至2007年年初已经基本完成电子政务系统、防汛指挥系统和业务应用系统三大系统建设，特别是重要业务应用系统已经开发出松辽流域水土保持监测与管理信息系统、松辽流域水资源综合管理地理信息系统、松辽委洪水预报系统、取水许可管理信息系统等16个应用系统，多数已经被应用到东北地区的水资源管理之中。

存在的主要问题：

（1）区域水资源一体化管理的体制与机制不畅通

东北地区形成的“松辽管理模式”在行政区域和流域水资源综合管理中，虽然发挥了积极的协调作用，但是从国际区域水资源统一管理与综合管理的理论与实践来看，这一模式仍有管理混乱、协商不足的问题。首先，在区域与流域关系方面，存在着东北四省区水行政主管部门和松辽委在辖区水资源管理上的利害冲突；其次，在部门关系方面，由于水务管理体制改革不充分，“十五”期末，全区域223个县以上行政区只有55%的市（县）完成水务体制改革，仍存在“多龙管水”的水资源分割管理问题；第三，在国家与社会关系方面，存在着社会利益反映不充分的问题，特别是缺乏非管理性质的非政府组织和专家组的广泛参与，难以保证在充分协商、科学管理的基础上，形成东北四省区的共赢局面。在三位一体的管理机制上，存在水资源一体化管理发展中市场机制和社会机制的严重缺失。在水权和水市场建设方面只是进行了最基础的流域初始水权分配研究和试点，离完善的水权制度和水市场规则还有很远的距离。东北地区的水资源一体化管理，是由国家水利部、松辽委、四省区政府、市（县）、企业、民众共同参与的区域内水资源公共管理。但是，东北地区在应对水资源管理中“政府失灵”和“市场失灵”的管理“死角”时，至今仍缺少管理专家和社会群体代表积极参与的论坛性协商、对话和决策渠道。

（2）水权、水价和水市场建设缓慢

东北地区是水资源相对较为短缺地区，但长期以来水资源污染严重，利用效率低下，平均耗水率接近 60%。而缓解东北地区水资源供需矛盾的一条重要途径，就是建立区域水权、水价和水市场。而东北地区目前正在进行的流域初始水权分配的专题研究以及在大凌河流域、霍林河流域进行的初始水权分配试点工作，只是东北地区水权制度建设过程中不可缺少的起步阶段，只是水资源管理适应社会主义市场经济体制的制度变革和机制转换的基础性工作。还没有形成有效的水价形成机制、水权转让机制、污染补偿机制、市场水价浮动机制、水市场风险保障机制。

（3）水资源安全形势不容乐观

东北地区现有水土流失面积 28.16 万 km^2，其中水蚀面积 20.72 万 km^2，风蚀面积 6.68 万 km^2。东北黑土区将近 30%的面积存在不同程度的土层流失，据统计黑土层正以每年 0.7～1 cm 的速度流失。2005 年劣于Ⅳ类水质河长 7 335.66 km，占评价总河长的 39.6%。16 条省界河流 25 个检测断面中，劣于Ⅲ类水质的断面有 15 个，占总评价断面的 60.0%。

东北地区大江大河防洪问题突出，控制性水库工程少，防洪标准有限，一些主要支流，尤其是嫩江右侧支流如诺敏河、绰尔河等主要支流还缺乏大型控制性水库；干流堤防大多仅有 20 年一遇的防洪标准，辽河石佛寺以上河段仅有30年一遇，辽河干流柳河口以下河段由于泥沙淤积已成为“地上悬河”，辽河干流下游感潮段的盘山闸只能保证3 000 m^3/s的下泄量，泄洪能力严重不足，对辽河干流防洪构成较大威胁。城市防洪差距甚远，东北地区22座主要防洪城市，仅沈阳、长春、吉林3座城市现状防洪标准达到了200年一遇的规划标准，其他城市基本为50年一遇。2005年东北地区大小水库3 203座，总蓄水量824.8亿m^3，调节区域径流比仅有46.8%，而且308座大中型水库中有170座属于病险运转。拟建的月亮泡、胖头泡蓄滞洪区尚处在安全建设阶段。洪水管理体制和机制、洪水应急调度、洪水预警预报等非工程措施还很不完善。

（4）水行政执法难度很大。由于东北地区水权制度建设缓慢，造成区域和流域水资源责权不明晰，从而给以松辽委为主的东北地区水行政执法部门的顺利执法带来困难。虽然依据国家水土保持法、防洪法、取水许可和水资源费征收管理条例，制定了《松辽委实施水行政许可程序暂行规定》、《松辽委处理流域重大省际水事纠纷应急预案》、《松辽委实施取水许可水质管理规定细则》等临时性的规章、条例；开展了首件水行政执法案件——科尔沁国家级自然保护区管理避水事违法行为执法工作；完成国际河流执法检查及鸭绿江水事违法案件调查处理；并积极调查处理老虎山河、长山灌区拦河坝、老哈哈、通榆滞留洪水、诺敏河等省际水事纠纷。“十五”期间，完成了行政许可项目审批26项，进行了建设项目水资源论证工作42项以及确定6批277个大中型企业限期治理项目。

但是，这些对东北地区水资源一体化管理中真正的法制化建设来说，只是基础性工作，还谈不上水行政执法渠道畅通。主要原因在于：一是东北地区水资源一体化管理的法律、法规体系并不健全，应急性预案多，硬性规定多；二是各省区本位主义影响东北地区水行政统一执法，无法做到令行禁止，往往无视整体利益；三是城市与农村、地表水与地下水、水量与水质分割管理的“多龙管水”体制，给地方水行政执法带来难度，无法在地方水环境综合治理、水资源统一调配、节水型社会建设等方面形成统一思路；四是水行政执法队伍的执法水平有待进一步提高，需要严格执法与协商调停相互配合。

（5）节水型社会建设任重道远。东北地区人均水资源为全国的72%，亩均水资源为全国的 30%，为中度缺水地区。虽然东北地区总体水资源开发利用率不高，平均只有 30%左右，但部分河段和地区水资源开发利用率偏高，尤以辽河流域（含浑太河）为甚（表 5-1）。东北地区 2005 年总耗水量 324.14 亿 m^3，综合耗水率达到 57%，而其中农田灌溉耗水就占 70.1%。2003 年农业生产用水量 365.5 亿万 m^3，占总用水量的 67.1%，而辽河流域（含浑太河）农业生产用水量 107.25 亿 m^3，占其总用水量的 71.5%。由此可见，东北地区离节水型社会的目标还有很大的差距。

表 5-1 东北四省区和辽河流域（含浑太河）的水资源利用现状

	水资源总体			地表水			地下水（含与地表水重复）		
	总量	利用量	利用率	资源量	利用量	利用率	资源量	利用量	利用率
西辽河	58.77	53.09	90.3	19.96	12.85	64.4	51.05	40.24	78.8
东辽河	8.45	6.84	80.9	3.44	2.78	80.8	5.84	4.06	69.5
辽河干流	54.23	36.06	66.5	24.17	11.53	47.7	39.20	24.53	62.6
浑太河	55.14	54.04	98.0	44.67	27.55	61.7	28.97	26.49	91.4
辽河流域含浑太河）	176.59	150.03	85.0	92.24	54.71	59.3	125.06	95.32	76.2
黑龙江省	826.80	245.81	29.7	694.06	149.93	21.6	291.71	95.88	32.9
吉林省	326.52	101.61	31.1	265.68	60.34	22.7	109.89	40.76	37.1
辽宁省	219.11	128.09	58.5	178.50	60.30	33.8	101.81	67.79	66.6
内蒙古东部四盟	393.00	69.25	17.6	327.21	21.42	6.6	142.97	47.83	33.5

5.1.3.3 东北地区水资源一体化管理发展的战略重点与对策

（1）理顺东北地区水资源一体化管理的体制与机制

体制和机制问题是制约东北地区区域进一步发展和整合的关

键，因此，能否协调好区域内水利、环保等部门之间，松辽委与东北四省区政府之间，东北四省区之间的条块分割关系，能否在政府、市场和广大公众共同参与管理的基础上，形成行政区域和流域有机结合的管理体制与运行机制，将成为东北地区水资源一体化改革管理成败的关键。今后的主要任务是：一要继续发挥松辽水系保护领导小组和松花江防汛总指挥部的工作机制，并研究形成其他水资源跨区域和跨流域的取水许可水量、水质一体化管理机制，同时培养跨区域和跨流域的水生态环境保护、监督、执法的管理队伍。二要在继续巩固以政府宏观调控为主导的水资源管理的政府机制的基础上，迅速发展由水权分配、水价制定和水权交易为重点的水市场机制，并着力培养各省区和社会群众的代表持续参与协商和常规性对话的社会机制，建成政府机制、市场机制与社会机制“三足鼎立”的制度结构。三要继续推进东北四省区内部各市（县）城乡水务一体化管理的体制改革，成立职能独立的水务局，在各辖区内形成“一龙管水、多龙治水、公众用水”的伙伴协作机制，加强水量、水质、水能等的统一管理，做到“五业齐抓”“三水统筹”“五水联调”“五统一管理”。四要建立水危机应急机制，在防洪抗旱紧急情况下实现水量统一调度，在省际界河突发事件时启动应急程序。

（2）依托水资源管理信息化成果，进一步完善东北地区水资源安全“三大保障系统”

东北地区水资源安全体系建设主要是围绕防洪减灾保障、水资源供给保障的水生态维护三大方面进行的。但是，目前“三大保障系统”基础设施建设还不到位，彼此缺少联系，保障能力有限，还处于整合发展的初级阶段。今后的工作重心是：一要进一步多渠道加大投、融资力度，给东北地区水资源安全体系的软硬件建设以必要的资金支持；二要促进“三大保障系统”工程性措施和非工程性措施共同和配套发展，提高各自系统的整体保障能力；三要充分利用松辽委在水资源管理方面“三网一库”的信息化成果，提高“三大保障系统”的综合保障能力，为东北地区的水资源一体化管理的发展奠定一个坚实的基础。

（3）加快东北地区内水权制度、水价机制和水市场体系的建设步伐

建立水权和水市场，是水资源走向市场和水利产业实现良性循环的纽带；建立合理的水价形成机制，是发展节水型社会和解决水资源问题的战略举措；利用市场刺激和水价杠杆调节，是实现水资源优化配置和高效使用的重要手段。近期东北地区在水权分配、水价形成和水市场建设上要进行的工作是：一要完善水资源论证制度和取水许可权制度的执行规划，为东北地区的润滑资源权属划分奠定法律基础；二要总结并逐步推广大凌河流域、霍林河流域进行的初始水权分配经验，迅速为全面划定区域水资源权属打开局面；三要研究国内外水价形成机制，重点选取几个典型城乡做试点，进行分季节、分区域、分流域、分产业的有差别的总量控制、定额管理、计量收费和阶梯式水价及超采超用累进加价的水价形成研究；四要在水资源利用形势相对紧张的辽河流域（含浑太河）的上下游、工农业、生产与生态用水之间，基于节省、挤占、转让、自愿买卖用水指标，尝试进行符合价值规律的水权转让试点。

（4）构建东北地区动态平衡的水资源配置格局

东北地区的水资源分布格局及利用现状，决定了资源性缺水、工程性缺水、水质性缺水同时存在。这是东北地区在老工业基地振兴和区域整合发展中无法回避的障碍，必须在东北地区内部寻求合理的水资源配置方案。东北地区动态的水资源配置格局是：一是继续进行生态调水。扎龙湿地、各海湿地、呼伦湖、巨龙湖等湿地生态缺水十分严重，今后应在继续进行“引察济向”“引嫩入扎”的同时，应把“引海入呼”等生态应急调水工程列入工作重点。二是继续推进“北水南调”工程建设，寻求最终解决辽河流域缺水的根本途径。在进行黑龙江省尼尔基水利枢纽工程及其配套工程建设的同时，要积极推进文得水库、哈达山水库、绰尔河引水工程、石佛寺调蓄水库等骨干和调蓄工程建设，还要继续进行“引呼（呼玛河）济嫩（嫩江）”“引嫩入白”“文得根引水”等的项目规划研究。三是完善“东水中送”工程建设，满足东北中部城市带的用水需求。近、

中期以实际大伙房水库输水工程、吉林省中部城市群引松供水工程、引洋入连工程等水资源配置骨干工程为重点。

（5）加快全区域节水型社会建设

节水型社会建设是东北地区节约型社会建设的重要组成部分，是科学发展观对东北四省区社会经济发展的根本要求，也是东北地区区域整合效率的体现。当前的主要任务是：一要严格执行《水法》《水污染防治法》《水土保持法》《环境保护法》《取水许可制度实施办法》《松辽委实施取水许可水质管理规定细则》和《水土保持法》等水资源开发、利用和保护的法律、法规以及松辽水系保护领导小组的协商决议，从法律的角度促进节约水资源；二要在水资源管理中加强经济杠杆作用，以水权、水价和水市场的市场机制促进水资源的节约和高效利用，真正体现水资源的经济属性；三要提高水资源的利用效率，包括通过水利工程节水、生物节水技术、农作物空间布局结构的调整、信息技术的应用来提高农业用水的效率，通过分类供应不同的水质来提高居民生活用水的效率，通过中水回用、污水处理、循环利用来提高工业用水的效率，通过差异水价和梯阶式水价来提高服务业用水的效率；四要广泛开展珍惜、保护和节约生命之水的宣传教育，借助全世界“节水日”等活动，通过新闻媒体大力宣传节水思想，并通过绿色 GDP、虚拟水产品等概念的引入，在东北地区普及提高整体节水意识。

5.2 流域水环境一体化管理的法律依据

新《水法》关于流域机构法律地位与权属关系问题有明确的界定与法律诠释。

新《水法》一个突出的特点，是第一次在法律上全面规定了实行流域管理体制和相关制度。明确界定了流域管理机构的水行政管理职责和执法权限，这是我国迄今对流域管理的法律地位规定的最明确，对流域管理机构的职责规定最集中的一部法律。

水资源以流域为自然单元实行流域统一管理，符合水资源的自身规律，为世界各国所公认，并列入联合国环境与发展大会所通过的《21 世纪议程》中。国外流域管理的实践证明，对水资源实行按流域统一管理，是一种行之有效的管理方式。

在新《水法》的 82 条中，有 20 条直接规定了流域管理机构的职责，其中有 30 处提到了流域管理机构，另有 18 条明确包含或涵盖了流域管理机构的职责。例如，新水法第 12 条明确规定："国家对水资源实行相结合的管理体制"；国家在"重要江河、湖泊设立的流域管理机构，在所管辖的范围内行使法律、行政法规规定的和国务院水行政主管部门授予的水资源管理和监督职责"。新水法还从水资源规划、水资源开发利用和保护、水资源配置和节约使用，水事纠纷处理与执法监督检查及其法律责任等各个方面明确规定了流域管理机构的诸多职责。

通过这一法律，具有中国特色的流域水管理体制将基本建立起来，流域管理机构的水行政管理地位和执法地位将从根本上得到法律保障。

新《水法》明确了流域管理机构在水资源保护中的主体地位，规定了流域管理机构在国家规定的重要江河、湖泊和跨省自治区、直辖市的其他江河、湖泊拟定水功能区划，核定该水域纳污能力等方面的职责。

对于新建和改扩建排污口的审查，新水法将水行政主管部门或者流域管理机构审查权限扩大到整个江河、湖泊。

5.3 流域水环境一体化管理的模式设计

长三角区域跨界水环境一体化管理，具有鲜明的流域性特点，虽然环境生态状况十分复杂，但已基本具备"流域一体化管理"的要件整合设计要求。

成立长三角流域水环境一体化管理领导小组

组长单位：国务院发展与改革委员会

副组长单位：上海市、浙江省、江苏省、环保部、水利部成员单位：长江水利委员会、太湖水利管理局、上海市环保局、上海市水务局、浙江省环保厅、浙江省水利厅、江苏省环保厅、江苏省水利厅以及所辖15市人民政府。

办公室：设在太湖局

（1）长三角流域水环境一体化管理领导小组是一个具有政府决策功能、流域性松散联盟，一切跨界的重大水矛盾与问题，均可在这个领导小组内协商解决。

（2）这个领导小组所做的事情与流域内各省、市的工作是互补而不是替代，是解决一个省或一个市单独无法解决的跨界水质、水量影响问题，同时，也可以减少中央的麻烦。

（3）长三角区域水资源非常丰富，但是，由于点源与面源的污染影响，许多地区已出现水质性缺水，所以控制与治理污染是解决水短缺的关键，也是保证经济社会健康发展的关键。

（4）长三角地处长江流域下游，长江上中游来水的好坏，直接影响到长三角的水质状况，因此，长江水利委员会必须参加领导小组工作。

（5）太湖流域地跨江苏、浙江、上海两省一市，并是它们的主要供水水源。然而随着太湖流域社会经济的快速发展，污染物大量排放且污染治理严重滞后，太湖水质受到严重污染。2000年，环湖的28个主要河道断面中，全部超过三类水质标准，其主要超标因子为总磷。省、市界的50个河流断面水质，全部为三到V类，超标因子仍为磷。全太湖水质平均类别为劣V类，其中湖体氮、磷污染比较严重。太湖水体富营养化平均指数值达到 62.9，为富营养化。过去每10年左右下降一个级别。在治理方面，存在着五大问题，即治理力度滞后于经济发展；治理重点与有效性不明确；太湖底泥和河道疏滩的作用是“汇”还是“源”，目前还有较大争议；治理措施的落实缺少有效的监督与管理。因为各项治理措施分属不同省、市、不同行业和不同部门，难以进行有效监督与管理，因为没有跨界的协调部门；入湖河道水质在恶化。近年来，蓝绿藻疯长的富营氧化事件时有发生。治理太湖任重道远。

5.4 长三角跨界水环境一体化流域综合管理的研究

5.4.1 流域综合管理的原则

在推进跨界一体化流域综合管理的过程中，需要贯彻以下原则。

（1）依法管理

有效的流域管理必须有法可依。实施流域综合管理需要建立健全流域管理的相关法规，明确流域管理的利益相关方之间的权利义务关系，明确流域机构的职责与权利，明确各种流域管理制度与奖惩机制。

（2）管理机制要集权与分权相结合

流域决策过程要体现民主性和协商性，通过建立自主协商机制，调动行政区域参与流域管理的积极性。同时，流域规划、标准制定、监测、调度等方面权力要集中，流域管理机构在决策实施过程中要有权威性和协调能力，逐步走向决策权、执行权和监督权相分离，流域综合管理与区域行政管理有机结合，并在流域综合管理框架下，赋予流域内相关省（市）级政府在大江大河的一级支流和境内河流更大的管理权，实现集权与分权的平衡。

（3）经济手段与行政手段相结合

市场经济条件下，流域管理机构要转变职能。

政府公共投资的重点转向生态建设、水土保持、水体综合整治及水资源保护管理等方面，强化政府在环境保护中的作用。要建立市场友好的管理机制，完善流域资源的有偿使用制度，积极引入市场机制。

（4）保障信息公开与决策透明

建立强制性的信息共享制度和信息发布制度，实现各部门和各地区管理信息的互联互通，及时、准确和全面地向流域内相关方发布各种信息。在流域管理的决策过程中逐步实现公开与透明。

5.4.2 实施流域综合管理的基本框架

推进跨界环境一体化流域综合管理，是一个复杂的系统工程，涉及政治体系改革、法律法规的调整、管理机构的重建等诸多方面，是一项长期而艰巨的任务。就现阶段而言，实施流域综合管理首先需要在中央政府层面做出重大的政策调整，以下是实施流域综合管理的基本框架和任务。

5.4.2.1 立法体系与制度建设

流域管理法律体系和制度建设是流域综合管理的基础。主要任务是不断完善立法体系，保护法规的一致性与协调性。当前应优先修改各级法律法规之间的不协调，主要应修改《环境保护法》《水污染防治法》《水土保持法》等法律法规中有关流域管理的相关条款，减少包括管理体制、流域管理机构职能等在内的法律间相互冲突的地方，增加相互关联性，以适应流域综合管理的需要。

5.4.2.2 加强流域管理机构建设

流域机构是实施流域综合管理的体制保证，应建立统一、协调和广泛参与的流域管理运行机制。

（1）大江大河的流域管理机构与治理机构。其改革的方向应：在大江大河设立中央政府和流域各省（区、市）代表以及利益相关方代表共同参与的、以地方为主的流域改革委员会，作为流域管理的决策机构，负责相关流域政策、规划和目标制定，协调解决跨行政区的环境矛盾冲突等；流域内各地方政府及其职能部门负责贯彻和执行流域管理委员会的决定；重建或改组现行的流域管理机构作为流域管理委员会的办事机构，同时，建立流域管理参与机制和咨询机制；制定明确的议事规则和决策程序；国务院及其职能部门负责对流域管理各个环节的监督，并通过法规、规划和标准实施宏观调控。

（2）大江大河一级支流的流域管理机构建设。改革方向：应以地方为主，建立跨行政区域或行政区域内的流域管理机构和协调机构。例如，可以在相关法规和流域总体规划的框架下，成立由相关地方政府共同参与的流域管理机构，作为联合解决流域内的区域性问题。

5.4.2.3 加强流域综合规划

流域规划是流域综合管理的核心内容，是协调各方利益，避免矛盾与冲突的重要手段。

（1）完善流域规划制度。根据流域管理的事项与要求，完善流域规划体系，其中包括流域综合规划、专项规划、支流和河段规划。流域综合规划应统领其他相关规划；严格各类规划的内容，应规定各规划的更新年限，保持规划的相对稳定性、可更新性和连续性。

（2）要融入新的生态系统的河流管理理念。

（3）在综合规划中要妥善处理资源开发与生态保护的关系，协调河流的经济功能与生态功能，保护上下游、左右岸的共同利益。

5.4.2.4 建立健全利益相关方参与机制

利益相关方以适当的方式和合理的机制参与到流域管理过程之中，是流域决策民主化的重要保障。利益相关方参与有利于信息畅通与决策透明，有利于提高公众意识，有利于流域综合管理的实施。

（1）建立流域层次的协商机制。根据国内外经验，流域综合管理利益相关方参与的主体包括政府、企业与民间组织等。在具有广泛代表性的流域管理机构的基础上，应建立不同利益集团的协商机制，并通过咨询委员会、听证会、论坛、对话等形式来实现。

（2）改善公众参与的环境，建立流域信息的公开与发布制度。要确保公众参与到流域综合管理过程中，首先要确定“享有充足的清洁淡水是人的基本权利”的理念，这是参与机制的基础；参与必须在平等的环境下进行；能够获得参与流域管理所需要的信息知识和精确可靠的科学数据是参与的前提。

（3）积极推进小流域治理。大江大河生态系统的改善，需要千家万户的共同努力。应系统总结中国在小流域治理中的经验，充分调动社区参与流域管理的积极性，提高社区参与小流域治理的能力。

利益相关方的广泛参与是个循序渐进的过程，需要分级、分阶段、分步骤实施。在促进利益相关方参与过程中，应优先提高公众参与的能力，特别是加强宣传教育、培训与民间组织建设。

5.4.2.5 充分利用经济手段

经济手段是流域跨界污染管理的重要手段之一，是行政手段的重要补充。

（1）要改革流域管理的投融资机制。在增加流域治理公共支出的前提下，改革投资体制，统筹流域公共投资的使用。解除对垄断市场的管制，开放水务市场，吸引国内外投资，并通过各种渠道筹集流域生态系统保护和重建的资金。

（2）要完善流域资源的有偿使用制度

国家已建立了水资源、排污权、砂石资源和渔业资源等流域资源的有偿使用制度，应进一步完善相关制度，维护国家权益，促进资源合理利用，保障社会公平。水资源属于国家所有，其开发利用权的出让收益属于国家，但尚未建立有偿使用制度。水电开发企业应向国家交纳水能资源开发税。

（3）建立健全流域生态经济补偿机制。中国已经在水环境保护领域建立了污染者付费制度，在退田还湖、退耕还林和天然林保护等生态建设领域引入了财政转移支付与补偿机制。今后应进一步完善补偿机制，尤其是流域上下游之间的跨行政区补偿机制。应加大对生态脆弱地区的转移支付。

（4）建立流域管理奖惩机制。通过调整中央财政转移支付的配额和项目分配优先权等手段对地方政府遵循流域管理相关政策的绩效实行奖励，敦促地方政府积极促进流域综合管理。对不遵守规划、标准和决策的地方行为，例如违法取水和排污行为，除了已有的行政责任追究和媒体曝光外，还要重点加强经济处罚，使违约成本高于违约收益。

5.4.2.6　重视和加强科技支撑

流域综合管理需要坚实的科技支撑，目前中国的流域科技体系不能适应流域综合管理的需要，应从以下几个方面予以加强。

（1）要加强流域监测、信息共享与发布系统建设。流域的综合管理和科学决策需要翔实的信息资源作为支撑。在各大流域，以流域管理机构为依托，利用现代信息技术开发建设流域信息化平台。完善流域适时监测系统，建立跨行政区和跨部门的信息收集与共享机制，逐步实施流域信息的互联互通、资源共享，提高信息资源的利用效率。

（2）要加强流域基础性科学研究。中国目前流域管理相关的基础科学还比较薄弱，对流域管理的系统规划和科学决策的支持明显不足。应在国家中长期科技规划的编制中，将流域生态系统相关的基础研究列为重点支持项目之一。加强对重点学科和科研基地的建设，鼓励竞争和创新。

（3）要加强流域资源利用与环境保护的实用技术研发。当今世界的水文、环境和信息技术的进步很快，要在流域管理中广泛应用现代技术，包括“3S”技术、决策支持技术、废水处理技术、生态恢复技术等，加快科技进步和技术推广的步伐，以适应现代流域综合管理的需要。

随着改革开放以来工业化和城市化进程的推进，长三角区域已成为我国环境问题最突出和复杂的地区之一，生态环境方面出现了一系列问题，尤其是跨界水资源污染严重。长三角要制定统一的环境管理制度，建立起环境保护部门统一监督管理、各有关部门分工负责的环境管理体制和相应的环境监测、监理、统计、科研、宣传、教育体系，加大环境污染治理和环保执法力度；依靠科技进步，淘汰技术落后、能耗高、污染严重的企业，以节能降耗、综合利用和污染治理为主要内容对重化工行业进行技术改造，加快产业结构调整，降低区域能耗，减少环境污染源，控制工业污染，逐步实现清洁生产；要加强生态环境保护、资源节约消费等方面宣传，增强长三角区域政府、企业的环保意识。

长三角跨界水环境一体化流域综合管理，是一个新事物，除借鉴国内外成功的流域管理经验外，还应进行较长时间的实践、摸索，不断地总结经验与教训，大胆创新，积极推进，逐渐形成具有长三角流域特点的有效的跨界水环境一体化管理模式和管理机制，推动长三角的全面发展，为“十二五”规划的良好开局与国家建设作出重大贡献。

参考文献

[1] 黄宇驰，等．长三角区域一体化发展趋势下的资源环境压力分析．上海环境科学，2007.
[2] 余吉安．再认识长三角区域经济一体化．中国集体经济，2009（10）.
[3] 赵志凌．长三角区域资源环境安全形势不容乐观．中国经济报告，2008（3）.
[4] 赵志凌．区域资源安全亟待破题．长三角，2007（8）.
[5] 吴坚．跨界水污染多中心治理模式探索．开发研究，2010（2）.
[6] 王海燕．欧盟跨界流域管理对我国水环境管理的借鉴意义．长江流域资源与管理，2008（6）.
[7] 施祖麟．我国跨行政区河流域水污染治理管理机制的研究．中国人口、资源与环境，2007（3）.
[8] 刘永懋．中国松花江甲基汞污染防治与标准研究．北京：科学出版社，1998.